輕鬆易義飲葡萄酒

An Easy Way to Learn Wine & Italian Wine

義大利共和國榮譽騎士

蕭欣鈺（Serana） 著

This is an excellent and comprehensive guidebook to Italian wine

When we think about Italy, we are referring to a country with a millenary history, with a culture that dates back to the Roman civilization. Food and wine are deeply engrained in Italian culture, of which they form a distinctive feature.

With Serana's study, activity and her countless trips to Italy, Serana has developed a profound knowledge of Italian traditions and territory, which she has described many times, in her works and presentations. Her passion for Italy earned her an official recognition from the Italian government, becoming one of the most prominent ambassadors of Italian culture, specifically in the wine area.

This book is the fruit of her study and her passion. It is a fundamental companion for all those who are not satisfied with just tasting our delicious food or sipping our unforgettable wines, but want to discover how to appreciate them in every fine detail. It is an unmissable reading for those who understand and appreciate the intimate connection between a land and culture. This is an excellent and comprehensive guidebook to Italian wine, at the same time a magical vehicle for a journey in time and space to one of the most fascinating countries on Earth.

Italian Economic, Trade and Cultural Promotion Office
Donato Scioscioli,
Representative

這是一本傑出且全面性的
義大利酒導讀書

　　當我們提及義大利，就會想到這是個有千年歷史的國家，其文化可追溯至羅馬文明時期。而食物和葡萄酒早在義大利文化根深蒂固，形成獨有的特色。

　　因Serana的學習、她所辦的活動和無數次到義大利的旅途，在她的著作和演講中多次談論義大利傳統與地區特色，她對此已達到深度的理解。而她對義大利之熱情，也已榮獲義大利政府官方的認可，成為義大利文化大使之一，尤其是在義大利葡萄酒的領域。

　　這本書是她鑽研和熱情的果實，這個基礎是給不滿足於只有品嘗義大利美食或是啜飲難易以忘懷的葡萄酒的人，同時也是給想要了解如何欣賞其每個細節的人。對於那些想了解和欣賞土地和文化的人，此書是不容錯過的。這是一本傑出且全面性的義大利酒導讀書，同時也是具有魔法的旅遊時空機，將帶領你到世上最精采的國家之一。

義大利經濟貿易文化推廣辦事處代表

肖國君

Every glass is a new, unforgettable experience

Inspired by the Italian winemaking tradition and aimed at enhancing local roots, territory and typicality, "Vinibuoni d'Italia" gives a clear signal to consumers and to the Italian and foreign market. The guide is unique in the Italian and international scene, as it is the only one dedicated to wines from native vines. Vinibuoni d'Italia is based on an exceptional selection process, based on commitment and transparency. As the curator, Mr. Mario Busso, has created this absolutely original format: not only coordinators and professional judges award prizes, but also a commission made by wine lovers and journalists, people who live the wine as the highest expression of pleasure.

When I first met Serana, I was struck by her enormous curiosity and expertise in wine-tasting. With an effective method of tasting and notes, Serana engaged in this sensory journey with professionalism and good humor. It often happened us to glance at each other and smile, because some wines are able to convey the picture of the place where they come from. Trying a wine from native grapes is like taking a trip, every glass is a new, unforgettable experience.

Vinobuoni d'Italia
Mario Busso
Founder

每杯酒都是嶄新與
無法忘懷的經驗

　　《義大利佳釀》受到義大利釀造傳統的啟發，並強調葡萄的根源性、地域性和代表性，進而清楚傳達義大利葡萄酒資訊給國內和國外市場的消費者。《義大利佳釀》在義大利和國際上的獨特性在於僅評鑑用在地葡萄釀造的好酒。《義大利佳釀》卓越的選酒過程公開且透明，而身為統籌策劃者的我，負責創造這團隊與評鑑最初的概念：不只有組織團隊和專業評審來評鑑，也讓葡萄酒愛好者、記者和酒莊的人用愉悅的方式參與。

　　初次遇見Serana，她廣大的好奇心和品酒專業令我留下深刻的印象，她用有效率的品酒和筆記方式，既專業又幽默地來經營她的感官之旅。我們常相視而笑，因為有些葡萄酒能表達出他們所在地之樣貌，每當品飲用在地品種釀造的葡萄酒，就好比經歷一場旅行，每杯酒都是嶄新與無法忘懷的經驗。

《義大利佳釀》創辦人
馬力歐・布索

每開一瓶酒，就是一個故事的開始，
就又是一首詩歌，這些平凡卻充滿情感的時刻
回想起來令人回味無窮

九月份，對大多數小朋友來說是開學的月份，對小時候的我來說，則是每一年全家人都非常期待的採收葡萄月份。一到九月，所有人便天天盼望爺爺—我們的「釀酒師」，宣布採收的日期（通常是九月的第一或第二個禮拜）。對我們家而言，採收那天就像是個很重要的節日，凌晨六點就要起床，男女老幼都要參加，有人採收葡萄，有人負責供應水和咖啡給採收葡萄的人，有人負責扛裝滿葡萄的木箱，有人開車，有人準備午餐。中午採收差不多完成了，大家一起聚餐，吃完飯後就可以開始釀酒了。接下來兩週裡，鄉下都充滿了葡萄渣的味道，在我們家的別墅、隔壁鄰居和隔壁的隔壁的鄰居家，都可以聞到相同的香味。

「別再喝水了！」八月時我爺爺常常這樣罵我：「水會生銹的！」我們家倉庫不大，放不下很多橡木桶。所以七、八月時，大家都要努力把前一年的酒趕快喝掉，要不然就會沒有地方可以存放新的酒。因此八月的時候，每逢週六和週日晚上，我們家都會開很大的派對，奶奶、姑姑和媽媽拚命地做菜，客人拚命地喝酒，幫我們清空橡木桶。

每個禮拜二放學後，我父母要我去奶奶家陪長輩用餐。「好蒼白的臉！果然你還沒好轉……」，奶奶非常疼我，不能接受孫子氣色那麼差：「來，喝杯

紅酒吧！」她這個祕方果然立刻見效：「太好了，你臉頰都紅起來了，好看多了！」

每次想到葡萄酒，許多美好回憶都會浮上心頭！這些回憶中，有母親的笑聲、父親的幽默、親戚的笑顏、朋友的溫情、故鄉的某些角落、熟悉的聲響和音樂、美食的香氣……每開一瓶酒，就是一個故事的開始，就又是一首詩歌，這些平凡卻充滿情感的時刻回想起來令人回味無窮。

怎麼樣的葡萄酒才好喝呢？才有這種魔力呢？這個問題的答案因人而異，因為每一個人都有不同的味覺和飲食習慣，所以每一個人都要下一點功夫，探尋適合自己的好酒。你會買這一本書，這就代表你已經開始認真看待葡萄酒文化。關於義大利葡萄酒，有很多可以學的，因為義大利有20個葡萄酒產區，每個產區都有多個葡萄品種，每家酒莊的釀酒方法都不同，此外還有分級制度的規定等。不過，在托斯卡納待過一段時間的Serana，花了許多年的時間觀察義大利文化和義大利人的飲食習慣，她成功地將義大利葡萄品種以及兩者間的關聯結合在一起，最重要的是她還品嘗過許多義大利的葡萄酒。

我還特別想要感謝Serana費了那麼大的心力編寫了這本書，好讓華人有機會更深入地瞭解義大利的飲食文化！也希望將來我的學生要挑選一瓶好酒送我時，會記得義大利也有很多很棒的酒，而且想打動一位義大利人，絕不能送他一瓶來自法國的酒，拜託！

西雅力學院創辦人

江書宏 Giancarlo Zecchino

序言 / 延續

　　序言，是本書的開始，此書是我葡萄酒生活之「蕾」積，用味蕾來記錄生活，用心、用五官認識周遭的人、事、物。在兩千零「酒」（2009）年，我「醉」入葡萄酒領域，從初略的淺嘗、生活之飲用、深入的品飲、再到生活之享用，從懵懂地喝酒、認真地品酒、珍惜地飲酒之過程，像是人生三部曲，一段都不能少。這個三部曲的時間軸，是不知從何數起之尋酒飛行哩程，加上多樣的內陸交通路程，而空間軸為品飲約上萬款酒。葡萄酒像是讓我即興演出的導演，他「飲」導我到不同的釀酒產地，任憑用我的方式去認識居住的人、觸及本土的酒，同時也進入當地的文化。

　　葡萄酒這聽似美好的飲品，實際上是刻苦耐勞而來的，葡萄生長也是靠天吃飯，其成長環境是個挑戰、釀造過程是種歷練、熟成時間是耐力考驗，上市後被分派到國內某個地方或世界某個角落，這一切，比其他農產品之「產地到餐桌」來得更刻骨銘心，只是在餐桌上葡萄酒總是靜靜地搭配著餐、陪伴著人。要深入葡萄酒的世界，人的專注力和體力也是需要磨練，依稀記得首次參與國外大型酒展，想盡可能地找到與品飲到不一樣的酒款，卻忽略當時身心的狀態，結果身體在夜晚時鬧起脾氣，那刻隻身一人，沒有醫護人員或藥物應急，只能靠意志力撐過去。

　　動筆寫《輕鬆易 / 義飲葡萄酒》，「易飲葡萄酒」是來自於友人們想多認識基礎的葡萄酒知識並融入生活。「義飲葡萄酒」則源於「義大利酒專家認證課程」學員們的鼓勵，希望能簡潔地瞭解多元的義大利酒。取此書名好比給剛出

生的嬰兒取名字般，想了想、換了換，終於在跟家人們的激盪下想出一石二鳥的書名《輕鬆易／義飲葡萄酒》。此書的每一頁，是用無數的夜轉化而成，本書是目前全台第一本以葡萄酒基礎搭配概論義大利20個葡萄酒產區的書，也是入門義大利酒的必備書籍，希望藉由此書靜態的力量，傳遞每區特有品種和酒款，因為這些都是葡萄農民、釀酒師們、酒莊的堅持與努力，才得以傳承延續下去，讓我們有機會品飲和增廣見聞。

　　PART II的每章都有附上彩色的產酒地圖，每個小區塊都有產酒，而有標示號碼的就是該區代表性或常見酒款之次產地。

　　在此特別感謝家人的支持、一路以來相伴的摯友和學員、瑞蘭出版部的夥伴等，因為你們才能將我的知識和經驗化成書本，將義大利葡萄酒文化加以傳播，達成我的夢想之一。

義大利共和國榮譽騎士
Serana

目　次

PART I　輕鬆易飲葡萄酒

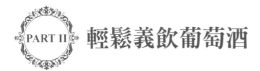

PART II 輕鬆義飲葡萄酒

義大利南部 Southern Italy

PART I

輕鬆易飲葡萄酒

第一章

「See」理解與觀看

我們用雙眼來觀看周遭的人事物，透過觀察來理解其存在原因或帶來之影響，「See」在英文中，除了觀看，還有理解之意，在欣賞迷人的葡萄酒色澤前，先讓我們初步了解什麼是葡萄酒，才能慢慢體會「I See You」之外觀與內在之美。

1. 葡萄酒是什麼？

簡單來說，葡萄酒是以葡萄為主要原料，經過酒精發酵成為葡萄酒。但就這麼簡單嗎？你也許會挑起眉頭問：「酒精發酵是如何發生？」其實葡萄是個奇妙的水果，請回想吃葡萄時，那股多汁又帶酸甜的味道，就是葡萄本身含有的水分、糖、果酸等成分，這就是酒精發酵重要的「原料」。此外，還要有「媒人」方能完成，就是做麵包時不可缺少的「酵母」，這又是從哪裡來？製作麵包與釀造葡萄酒都會經過發酵階段，但釀酒時的發

從葡萄園到葡萄酒之間的風景。

酵可不是加入做麵包的酵母粉，請再試著想買整串葡萄回家時，清洗葡萄時看見外皮上有些微白色的粉，那可不是農藥殘留物，而是釀造葡萄酒的天然酵母，所以釀酒前通常不會清洗葡萄！然而，還是會遇到外加人工培養的酵母或是另外添糖等狀況，以下可簡單整理出酒精發酵過程：

葡萄內的水和糖＋酵母在舒適溫度中
→酒精、二氧化碳、熱能、氣味

　　所以含糖量越多的葡萄，其酒精
濃度相對越高，除了某些葡萄品種天
生含糖量較多，而後天的栽種環境、
氣候加上採收季節的早晚等，亦會影
響葡萄含糖量之多寡。然而，葡萄酒
的酒精濃度會不會高到跟高粱酒一
樣？這問題如同麵包發酵時，會不會
膨脹到像派對上的氣球一樣大？答案
是「No」。通常葡萄酒的酒精濃度最
高達到約15.5%時，酵母就像是大功告
成般地往天堂報到，發酵也會跟著停
止心跳，而酒中會有其殘留物。另一
種情況是，釀造白葡萄酒時，溫度過
低會使發酵停滯不前；釀造紅酒時，
發酵溫度太高，酵母彷彿遇到熱浪而
不再發酵。那麼，為何高粱酒或威士
忌的酒精濃度可以輕而易舉地飆到40%
以上？因為它們不是單純的釀造酒，

而是經由蒸餾過程提高其酒精濃度的
烈酒，稱之為「蒸餾酒」，其顏色是
透明的，在市面上所看到非透明無色
的烈酒，通常是蒸餾過的酒在橡木桶
熟成時，桶子給予其如染料般之色澤。

　　葡萄酒是「渾成天然」嗎？請拿
起葡萄酒瓶看看，多數於背標會有「內
含亞硫酸鹽」或「內含二氧化硫」的
外語詞彙，見以下圖中紅色圈。

內含二氧化硫的外文標示。

15

什麼？亞硫酸鹽！或許問題應該換成：「為什麼要添加亞硫酸鹽或二氧化硫？」這兩種化學物質是合法的食品添加物，此化合物除了有女人喜歡的「抗氧化」功能外，亦是酵素抑制劑或防腐劑，可以延長葡萄酒之保存期限，使葡萄酒經得起長途運輸的考驗，防止葡萄酒受到壞菌的攻擊等作用。每個國家皆有其限定用量的規範，紅酒因為有單寧撐腰，而白葡萄酒的單寧含量極少，加上釀造白葡萄酒注重其「新鮮度」，所以添加量會高於紅酒，如果對二氧化硫含量很在意，但又想喝酒，可以以這個考量點出發，不妨選擇不甜的紅酒飲用。還有一件要提醒自稱「螞蟻飲酒者」，也就是喜歡喝甜酒的人，甜酒是所有葡萄酒類別中，二氧化硫含量最高的酒款！因為你愛甜，所以微生物更愛！因此需要添加更多亞硫酸鹽或二氧化硫來抑制壞菌生長，但不管喝哪種葡萄酒，只要適量（這個要靠修煉），都能從中取得健康與飲樂間的平衡點。

「蒲萄四時芳醇，琉璃千鐘舊賓。
夜飲舞遲鎖燭，朝醒弦促催人。
春風秋月恒好，歡醉日月言新。」
——陸機〈飲酒樂〉
《魏晉詩歌的審美觀照》修訂版

餐不離酒、酒不離食之生活。

早在古代，飲酒是享受人生的方式之一，而現今葡萄酒看似高尚的飲品，終歸是樸實的農作物。國際上耀眼酒款如同明星般因廣告與行銷使其聲名大噪，價格也隨之高漲，喝到名貴的酒雖令人興奮愉悅，但千萬不要因此失去品嘗每款好酒的樂趣。葡萄酒是生活品味、更是文化學習，有著幾千年歷史之累積，一定有其存在的價值是價格無法比較或取代。

2. 葡萄酒之分門別類

有些人習慣用紅酒當作葡萄酒的代名詞，這不正確，如同用「Spaghetti」統稱「義大利麵」（Pasta），「Pasta」才是義大利麵的總稱，「Spaghetti」只是其中一種麵條形狀。

　　葡萄酒是以葡萄所釀出的酒之統稱，有幾種常用的歸類，最直接的方式是「觀其色」，即「看」（See）葡萄酒的顏色，可分為：紅酒、白酒、粉紅酒。

　　第一種分類是從「顏色」著手，紅酒只是其中的一種類型，而白酒為「白葡萄酒」之簡稱，但請不要跟製麴、和穀物混合進行醣化與發酵成穀物酒後再蒸餾出的「白酒」混淆了。通常歐洲人會將黃色水果用「白」來稱之，例如，他們稱黃色李子為「White Plum」，因

此以這樣的理解來看待「White Wine」會更容易懂，所以實際上白葡萄酒的顏色是黃綠色或黃色的。

　　紅酒與白酒是市場上容易找到的葡萄酒款，另一個問題突然在腦中浮現：「那是不是紅酒都是從紅色、紫黑色、藍紫色、黑色的葡萄（統稱為「紅」葡萄）釀成的呢？而白酒均由黃色、黃綠色的葡萄（統稱為「白」葡萄）釀成呢？」

答案是「No」。這裡要提及釀酒過程環節之一——「浸皮」。這時又得喚起我們的記憶，當在吃紅葡萄時，除了免剝皮、清洗後即可食用的葡萄外，為了享用帶有多汁果肉的紅葡萄前，必須用手剝掉外皮，吃了幾顆後發現手指有紅紫色的印記，喔……是手染上紅葡萄皮的「色素」，因此「浸（葡萄）皮」是讓酒液染上色素成為紅酒，若略過此步驟，用紅葡萄釀出白酒絕對不是問題。

第二種分類是從「甜度」著手，葡萄酒可分成甜、不甜二種類型。如果是進口的葡萄酒，屬於甜酒時，通常會在酒標上標示「甜」之相關字，而不甜的酒不會刻意於酒標上寫出「不甜」的外語詞彙。因此，當有人在品酒時脫口說出「干」、「乾」或「Dry」時，請別驚嚇或疑惑，這二個詞是用來描述「不甜」的葡萄酒。

第三種分類是「氣泡的有無」，帶氣泡的葡萄酒會在酒標標示出「氣泡」的外語詞彙，沒有氣泡的稱為「Still Wine」，但一般也不會寫在酒標上。這裡就來腦筋急轉彎一下：「請問氣泡酒的氣泡從哪裡來？是不是跟碳酸飲料一樣直接打入二氧化碳？」嗯……這是其中一種方式，深呼吸，請回到前文的發酵模式：

葡萄內的水和糖＋酵母在舒適溫度中→酒精、「二氧化碳」、熱能、氣味

製造氣泡酒時，釀酒師會設法保留住發酵產出的二氧化碳，也就是氣泡酒的泡泡來源，並將其媲美為「珍珠串」或「夜空的星星」，說穿了就是「二、氧、化、碳」，讀到這，請不要「碳」氣，因為二氧化碳的極致，還是有其迷人的一面。拿派對或慶功宴上最受歡迎的香檳來講，有種特殊的釀造方式是讓各釀酒國家不得不跟法國東北部香檳產區「酵」仿，那就是「瓶中二次發酵法」，亦稱為「香檳釀造法」，聽起來是不是很厲害？當葡萄製成酒時已經過第一次發酵，但釀酒師並不保留其二氧化碳，而把這次的酒當作「基酒」，裝瓶後再加入糖跟酵母，戴上像台啤皇冠的瓶蓋，使其在瓶中進行第二次發酵，再一次產生二氧化碳。香檳區的規定中，二次發酵在瓶內的熟成時間至少需要1年，可以想像將二氧化碳鎖在瓶中365天、甚至更長的歲月時，當中的氣泡會細化到怎樣的程度嗎？

Dom Perignon，「香檳王」取名於傳說中發明或發現香檳釀法的唐‧貝里農修道士。當我與友人們到訪其居住過的歐特維列鎮，想親眼目睹其雕像，恰巧遇到修復期，只能見其蒙面圍身之版本。

酵母在釀酒中也是重要的角色，「他」在瓶中溶解時無形地增添酒的風味，如烤麵包時抹上奶油後飄出淡淡的奶香等，聽起來就像是歐式早餐所飄出的香氣，而真的有些高級早餐會提供香檳或氣泡酒讓客人飲用。

另一位重要角色是「酸」，少了他，此類型的氣泡酒是禁不起長時間陳放，喝起來也不會有層次與架構。在這方面，要投入葡萄酒的懷抱跟投入咖啡的胸懷很類似，先開始訓練我

們的味蕾能接收好的酸度，才能漸漸深入其中的奧妙。

小小提醒，香檳的原名「Champagne」有註冊商標，如果其他釀酒國用瓶中二次發酵法釀造氣泡酒，美其名只能說是「香檳釀造法」或是「傳統釀造法」製成的氣泡酒。除了香檳，不妨試試義大利的「Franciacorta」和西班牙的「Cava」氣泡酒。另一個問題又來了，全部的氣泡酒都是用瓶中二次發酵釀成嗎？答案是「No」。還有更普及、受大眾歡迎的方法，那就是在大型不鏽鋼桶進行二次發酵的「大槽法」，此法之重要推手先後為義大利的費德瑞可‧馬爾堤諾迪先生和法國的尤金‧夏瑪先生。「大槽法」又稱「夏瑪法」，是取自尤金‧夏瑪的姓氏命名。「大槽法」是用密封式大型不銹鋼桶進行二次發酵，無須經歷長時間的熟成，如此省時省力的方式，釀造出義大利最經典的國民氣泡酒「普羅賽可」（Prosecco），其調性活潑、清爽，即為義大利以威尼斯為首府的威內托大區之驕傲（見〈PART II 輕鬆「義」飲葡萄酒〉之「威內托」篇）。

被國際調酒師協會列為官方調酒

左｜有著橘光般的Spritz。　右上｜維諾娜圓形競技場之夜。
右下｜維諾娜百草廣場之一角，想捕捉的是塔上之月。

的「貝里尼」（Bellini），就是用普羅賽可當作基酒，這款讓作家海明威愛不釋手的調酒，其發想來自威尼斯名店「哈利酒吧」之創辦人朱塞佩‧奇普里亞尼。貝里尼調酒是以基酒加入帶果肉的白桃汁，其色澤像極了15世紀威尼斯畫家喬凡尼‧貝里尼筆下所描繪出聖人身穿羅馬式長袍的顏色，因以其姓命名為「貝里尼」。另一個必嘗的是「Spritz」（或稱「Veneziano」），這款流行調酒也是以普羅賽可為基酒，加入利口酒「Aperol」或「Campari」，杯中放入滿滿的冰塊，再擺上切片柳橙。某次因酒展來到義大利維諾娜，當天晚上10點多跟朋友們漫步於市中心，看到幾乎人手一杯Spritz，從遠方望去像是閃閃的橘光螢火蟲群，使這城市「越夜越美麗」。

3. 為何葡萄品種很重要？

葡萄酒世界中，品種的選用會部分影響最後成酒的調性，釀酒不會使用在水果店所看到串串飽滿、甜度高的食用葡萄，而釀酒用的「歐亞葡萄」（Vitis Vinifera），和食用葡萄相比，其顆粒較小、酸度偏高，但在採收季節、葡萄成熟時，嘗起來是酸中帶甜的滋味，若是在日照充足的年分，會是甜中帶酸的味道。除了酸跟甜，每種葡萄依照不同的特性也會有不同的風味，以下為目前最常被釀酒國家使用的葡萄，統稱為「國際品種」，如果用電影版《復仇者聯盟》裡的角色跟葡萄品種做概略比喻，每位英雄都來自「漫威」漫畫，就好比以下品種雖然都源於法國，但法國不是葡萄酒最初的發源地，卻是葡萄酒世界中行銷最成功、名聲最響亮的國家，另外還會介紹不是來自法國但也常被種植、釀造的品種。

從紅葡萄品種介紹起，卡本內蘇維濃（Cabernet Sauvignon，或稱赤霞珠）有中偏高的單寧和酸度，釀成酒之酒體「硬朗」，像是雷神索爾壯碩厚實的體格。此品種主要氣味為黑莓、黑醋栗、藍莓、紫羅蘭、青椒、黑胡椒、甘草、石墨等，裝瓶前常放入橡木桶熟成，添增香料、皮革、木質等風味。其飽滿酒體會讓剛接觸葡萄酒的人如對神般地有距離感，這時需要美人兒梅洛（Merlot，或稱美樂）來圓場，而梅洛好比《雷神索爾》的女主角珍·佛斯特，她的存在讓索爾更親民。有「黑鳥」之意的梅洛，是個單寧與酸度均適中的品種，有著覆盆莓、紅李、櫻桃、杉木等氣味，梅洛的加入使卡本內蘇維濃的個性更「圓融」，當然也有釀造純梅洛的紅酒，其極致可以使這「黑鳥」化身成「黑天鵝」般地迷人。

卡本內蘇維濃和索爾都有「無肉不歡」的個性，用此釀造的紅酒適合搭配油花多的肉片、肋眼牛排、小羔羊排、東坡肉等料理。法國波爾多紅酒常用卡本內蘇維濃混梅洛或其他當

法國波爾多之卡本內蘇維濃。

地品種，「波爾多混釀」後繼成為新世界釀酒國追隨的配方之一。在美國加州的納帕山谷（Napa Valley），有些知名酒莊會用品質好的卡本內蘇維濃，釀成酒後於新橡木桶熟成，此酒口感彷彿索爾敲擊「雷神之鎚」般強勁。

細緻優雅的黑皮諾（Pinot Noir，或稱黑品樂），是個單寧低偏中、酸度適中的品種，帶有紅櫻桃、小紅莓、蔓越莓等香氣，熟成後有草本植物、香料等氣味，從法國布根地（法文：Bourgogne / 英文：Burgundy）特級園釀造出的黑皮諾紅酒，曾讓許多帝王或貴族為之著迷，這柔中帶剛的個性彷彿是蜘蛛人輕盈而有力的身手，黑皮諾的單寧如同蜘蛛絲般的柔細且堅韌，此外，當你發現迷上此品種，尤其是法國布根地一級園、特級園或紐西蘭優質的黑皮諾紅酒，就會驚覺已置身於蜘蛛網內「回不去了」。

希哈（Syrah，或稱西拉）的單寧與酸度均為中偏高，釀成酒之酒體圓厚，香氣有藍莓、桑葚、甘草、香料等，熟成後有煙燻、可可粉等風味。東尼‧史塔克本身繼承家族企業，就如同希哈在其家鄉法國隆河谷地（Vallée du Rhône）奠定響亮的名聲。移居至溫暖的澳洲時，當地用希哈釀造出的紅酒更加香濃，彷彿東尼‧史塔克變裝成為鋼鐵人，而澳洲的希哈稱為「Shiraz」。對了，希哈有個香氣特徵是胡椒，好比東尼‧史塔克的女友小辣椒（"Pepper" Potts）之韻味。

左｜法國波爾多之卡門內爾。　右｜馬爾貝克。

卡門內爾（Carménère）是個單寧中偏高、酸度適中的品種，香氣帶有覆盆子、紅李、青椒等，此品種在法國波爾多時默默擔任混釀的角色，但離鄉落腳智利時就像是布魯斯・班納變成綠巨人浩克強大起來，其爆發力如同其渾厚酒體般，成為智利之星，卡門內爾的香氣除了有莓果香氣，也帶有綠色蔬果的氣味。

馬爾貝克（Malbec）則好比美國隊長，在法國像是尚未變強壯的史蒂芬・羅傑斯瘦弱的身軀，但其本質是善良的，到了阿根廷像是壯大後，果實更加成熟，相對釀出的酒更有韻味，成為阿根廷的代表品種。

接著介紹白葡萄品種，白蘇維濃（Sauvignon Blanc，或稱長相思）像是鷹眼，其射箭之神準如同此品種尖銳的酸度，有著萊姆、葡萄柚、芭樂、淡淡青草等香氣。

多重個性的夏多內（Chardon-nay，或稱霞多麗），產於法國布根地，卻能適應國外不同的狀況，在冷涼環境釀出帶有檸檬、柑橘、礦物類等香氣的白酒，於溫暖氣候則塑造出豐腴之酒體，如同黑寡婦冷靜的個性、性感的身材。

法國波爾多之白蘇維濃。

源於法國羅亞河谷（Val de Loire）的白梢楠（Chenin Blanc，或稱白詩南），此一不甜的白酒有著蘋果、熱帶水果香氣等，而在梧雷一帶常被釀成帶甜度的白酒，有著蜂蜜、無花果、杏桃等香氣，這兩種型態的香氣彷彿像是飾演緋紅女巫的伊莉莎白・歐森那甜美艷麗之笑容。

還有不是源於法國但很常見的代表性品種，像是來自德國的古老品種麗絲玲（Riesling，或稱雷司令）、西班牙國寶品種田帕尼優（Tempranillo，或稱丹魄）、葡萄牙的國產圖霖加（Turiga Nacional，或稱多瑞加）、南非國寶皮諾塔吉（Pinotage）、義大利三大天王：山吉歐維榭（Sangiovese，或稱桑嬌維塞）、內比優柔（Nebbiolo，或稱內比奧羅）、亞力安克（Aglianico，或稱

艾格尼科）等，這些品種曾如同明星勇闖好萊塢表演，然而還是拍國片最賣座，進而成為其國家代表性的釀酒葡萄品種。如果繼續走在葡萄酒的路上，也許會發現某個品種深深吸引著你，不自覺成為他的忠實粉絲，不管他在國內或國外，都會想嘗試！這也是葡萄酒的魅力所在。

來自義大利巴西里卡塔大區的亞力安克，正值「轉大人」之變色期。

4. 酒標想告訴你的事

起初，尚未深入葡萄酒世界，挑選酒的方式之一是「看酒標的圖案有沒有電到你」，這樣好比聯誼時，只依據外表來決定交往的對象，是有風險的，所以認識酒標的內容可以降低踩到地雷的機率，但不保證完全不會。從酒標到底可以看出什麼端倪，使我們可以比較安心、多點樂趣來挑酒呢？

布根地產酒圖

（1）國家產區

國內市面上的葡萄酒多數從國外進口，在探究各國酒款風味之前，基本要知道這款酒的「來源為何處」，除了知道是哪個國家，最好進一步認識產區名，但葡萄酒的產區名稱不一定會跟行政省分區域相符，請小心注意。某些產區之葡萄酒公會有規範法定標籤或政府機構發的合格條碼等，讓其貼在酒瓶上。標示越清楚、其來源越有保障，而這僅於確保酒的來源，並不完全代表其風味會是最好，或是符合你喜歡的調性。

舉例來說，法國布根地為大產區名稱，其次產區有夏布利（Chablis）、夜丘（Côte de Nuits）、伯恩丘（Côte de Beaune）、夏隆內丘（Côte Chalonnaise）、馬

托斯卡納產酒圖

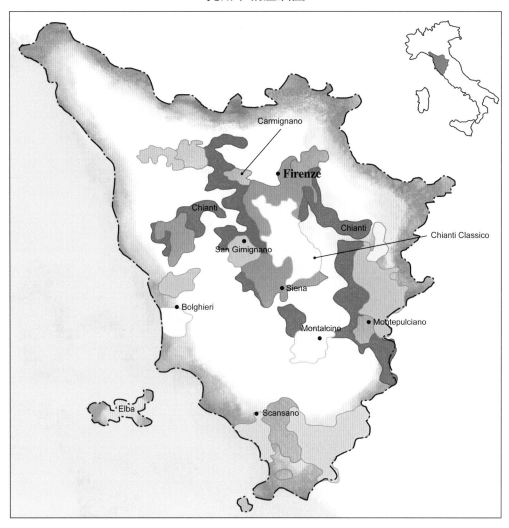

Carmignano

• **Firenze**

Chianti

Chianti

Chianti Classico

San Gimignano

• Siena

• Bolghieri

Montalcino

• Montepulciano

Elba

• Scansano

貢（Mâconnais），這些次產區有其村莊級與一級葡萄園（Premier Cru），除了馬貢和夏隆內丘，其他布根地的次產區有令許多人愛不釋手的特級葡萄園（Grand Cru）。

義大利的托斯卡納為大區名稱，其知名產酒區為傳統奇揚地（Chianti Classico）、蒙塔奇諾（Montalcino）、蒙特普洽諾（Montepulciano）、保加力（Bolgheri）、卡米尼亞諾（Carmignano）、斯堪薩諾（Scansano）、聖吉米納諾（San Gimignano）、艾爾巴小島（Elba）等。這些產區的特色會於〈PART II 輕鬆「義」飲葡萄酒〉介紹。

　　常聽到身邊想認識葡萄酒但有些卻步的人，覺得好像要「研讀」些相關知識再喝葡萄酒才不會失禮，然而，順序應該是相反。葡萄酒世界雖然多元，但如同啤酒、清酒等發酵酒精飲品般生活化，先多讓自己喝上幾次葡萄酒，覺得有興趣後再慢慢深入，而在這過程中讀取相關知識是必要的，就好比練好英文就得累積一定的單字量才能在生活上應用自如。另外，請不要給自己想要一次將世界各地的葡萄酒產區一網打盡的壓力，因為產地多樣性與外來詞彙很難立即朗朗上口，若藉由每次品飲的累積來認識葡萄酒世界，將會發現這將是有趣卻也永無止境的「飲學」。或是也可以用品茶、品咖啡的心態來了解葡萄酒，從杯中探索世界，開啟我們的感官，也吸取多樣的知識。

（2）新舊世界

　　先前已介紹過常用的釀酒葡萄品種，品種的標示有些是「隱性」、有些是「顯性」，前者多數在「舊世界葡萄酒產地」、後者多數在「新世界葡萄酒產地」。

　　葡萄酒的新舊世界，概念跟舊愛與新歡不同，舊世界葡萄酒產地泛指歐洲和位於地中海一帶之悠久釀造葡萄酒的國家，包含法國、德國、希臘、義大利、葡萄牙、西班牙、奧地利、匈牙利、喬治亞、保加利亞、羅馬尼亞等，因其發源與傳統均在此，所以重視該產地之當地葡萄與其對應的風土條件。通常這些國家的酒標上不會標示葡萄品種，因為從產地就已「隱性」地透露其所使用的品種，舉剛剛所提的法國布根地為例，此區代表品種就是黑皮諾，所以看到法國布根地紅酒時，就要知道是使用黑皮諾釀造，也可以略知這款酒不是渾厚、而是較細緻的酒款。

　　再拿托斯卡納的傳統奇揚地為例，酒標上也不會標示品種，但看到「Chianti Classico」，就要知道所使用的品種主要是山吉歐維榭，不過，還是會有例外，此時可從背標看到品種資訊得知。但因為知道主要是用山吉歐維榭，就可先略知是酸度較明亮、酒體中等的酒款。

新舊世界葡萄酒產地分布圖

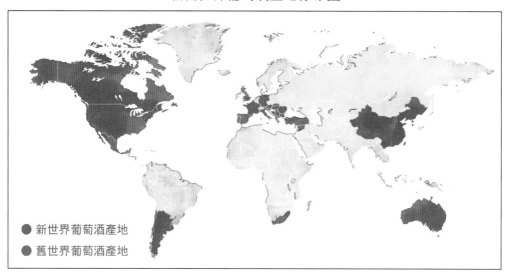

● 新世界葡萄酒產地
● 舊世界葡萄酒產地

「新世界葡萄酒產地」是指在15到17世紀的「地理大發現」或稱「大航海時代」的期間或之後，歐洲的葡萄藤被移植到殖民國家，也就是後起釀造葡萄酒的國家，包含美國、澳洲、南非、智利、阿根廷、紐西蘭等，多數因商業經濟而釀酒。雖然各有其栽種環境之影響，但強調葡萄品種所給予酒的特性，因此通常會將其使用的品種，尤其是單一或主要品種標示於前標。如果想找美國葡萄酒，並想挑選較厚實的酒，就可考慮加州產區的卡本內蘇維濃或希哈品種；如果想品嘗酒體適中、單寧不重的紅酒，就選擇奧勒岡州（Oregon）的黑皮諾。

新世界葡萄酒產地的酒大部分為即開即飲、香氣討喜、口感圓潤的調性，相對之下，舊世界葡萄酒產地以產區風土特色居多。但不管新世界或舊世界，現今已是資訊發達、交通便利、設備先進的時代，新舊世界之間不斷交流，使想往國際市場拓展的舊世界葡萄酒產地的酒莊漸漸往新世界之調性走，亦有新世界葡萄酒產地的酒越來越講究其風土與代表性品種產生的當地特色。無論是哪個世界，有些酒莊本身亦面臨傳承上之傳統與創新的磨合，因此不管是何種酒款，只要是好酒，都要以開闊的心胸去品嘗不同酒款所帶來的美好。

（3）甜度的有無

對於甜度的分類，有從「不甜」（干／乾）、「微甜」、「半甜」、再到「甜」。雖然是不甜的酒，但還是有非常低的殘糖量。而除了不甜的葡萄酒之外，有時會從酒標上看到有關「甜」的外文字彙，有時不會，尤其是舊世界的酒款，有其代表甜酒的產地與字樣。

以釀造甜白酒（和啤酒）聞名的德國為例，在法定高級優質葡萄酒（Prädikatswein）等級中，是從採收葡萄的成熟度與所測出之含糖量，由低至高來分級：珍藏酒（Kabinett）、晚摘酒（Spätlese）、精選酒（Auslese）、逐粒精選酒（Beerenauslese）、冰酒（Eiswein）和葡萄乾逐粒精選酒（Trockenbeerenauslese）。

有些產區沒有於酒標標示甜度，部分是因為這些產地就是傳統釀造甜酒的區域，如法國波爾多左岸最知名的貴腐甜白酒：索甸（Sauternes），主要使用的品種為榭密雍（Sémillon）、白蘇維濃、蜜思卡岱勒（Muscadelle）。另外，波爾多右岸釀產品質好的貴腐甜白酒有盧皮亞克（Loupiac）、卡迪亞克（Cadillac）、蒙・聖跨（Sainte-Croix-du-Mont）等。

（4）氣泡的有無

不管是打入二氧化碳、於不銹鋼桶進行二次發酵留住氣泡或是瓶中二次發酵的香檳釀造法做出的葡萄酒，都統稱為氣泡酒，有時在酒標上會看到相關字樣如「Sparkling」（英）、「Spumante」（義）、「Crémant」（法）、「Mousseux」（法）、「Espumoso」（西班牙）、「Espumante」（葡萄牙）、「Sket」（德）等。有些產地之法定酒款就是用上面提及方式之一所釀出的氣泡酒，所以不會在酒標上另外寫出「氣泡酒」的外語詞彙。

如風靡全球的氣泡酒——香檳，其葡萄與酒必須來自法國東北部的香檳區，使用指定品種並經過瓶中二次發酵與通過法定的瓶中熟成時間等規定，才能稱為「Champagne」，但當觀看香檳瓶身的酒標，卻不會標示「Crémant」。「Crémant」這個字彙適用於非法國香檳區，但在法國其他產地用不同品種且用相同的釀造方式製成的氣泡酒。但若連釀造方

左丨傳統奇揚地-範例酒標之一
Casa Sola：酒莊名稱
Chianti Classico：義大利托斯卡納的傳統奇揚地
2013：年分
750 ML：容量
14%：酒精濃度
右丨此酒來自澳洲，其前標顯示出使用的品種為梅洛與卡本內。

式都不一樣的法國氣泡酒，就稱為「Mousseux」。

（5）年分與其他資訊

　　酒標上的年分是指「葡萄採收年」，而非裝瓶或上市年分。通常餐酒等級或使用不同年分的葡萄酒來混釀的氣泡酒，而不會刻意標示年分，只有在使用單一年分的葡萄所做出的氣泡酒才會刻意標示年分。另外，針對一些知名產地、獨特地塊或知名酒莊，會記錄該年葡萄生長過程和氣候變化，來強調其年分差異，並以採收狀況、釀造方式、入桶熟成與否，有些甚至到酒標設計，如跟藝術家合作等因素來決定當年酒的售價。然而，市場上的平價酒款中，年分對酒的品質其實沒有太大的影響，但對於輕盈酒體的葡萄酒是種「新鮮度」的指標。

　　完整的酒標資訊，除了以上提及的之外，還有酒莊名稱、酒名、酒精濃度、酒瓶容量、二氧化硫標示等，如果前標沒有顯示太多的資訊，可從背標尋找，若給予的資訊越詳細，越能看出這款酒的來源並概知其調性。

第二章

「Smell」聞香與氣味

用眼睛觀賞葡萄酒迷人的色澤後，現在要用鼻子來聞聞酒香。在辨別何種香氣前，要先認識葡萄酒有什麼氣味，才能形容出你的感受。然而，氣味的呈現，需要用適合的品飲溫度、甚至對的酒杯，才能夠讓一杯好葡萄酒展現出其該有的香氣。

受邀《義大利佳釀》「Vinibuoni d'Italia 2018年度選酒」，聞香是評鑑關鍵之一。

1. 適飲溫度

聞酒香之前，要先談談葡萄酒的適飲溫度，因為這會影響所聞到香氣種類的多寡與強度，如果不談溫度而直接切入聞香，同一杯酒，你聞到的跟我聞到的氣味可能會有南轅北轍之差別。

品飲葡萄酒的溫度，如同人做事的態度，拿捏好溫度，香氣就不會被封閉；調整好態度，事情就不會如想像中的困難。適合飲用葡萄酒的溫度依酒款類型而不同，原則上，酒體

越清爽，其適飲溫度偏低；酒體越圓潤或厚實，其適飲溫度也就稍高。以這種模式套用在白酒，品飲溫度約為8℃到14℃，粉紅酒的溫度約為10℃到14℃，紅酒因為有單寧在，不適合用太低的溫度去品嘗，其溫度範圍約為14℃到18℃。

這些是建議品飲不同類型酒款之溫度，然而，在外聚會喝酒不會真的有人拿溫度計放入酒瓶中，只要溫度介於這些數據的上下，不要落差

太多即可，因為差距太大的話，就會可惜了這瓶好酒，而無法炒熱聚會的氣氛。若品飲溫度太高，酒精感會變重，悶住了本來會散發出的氣味；溫度太低，酒的酸度則會變明顯，香氣像是被鎖喉般卡住。所以當品飲一杯好酒時，發現聞不出什麼香氣時，第一要檢查是否有鼻塞，第二就是要看品飲什麼類型的酒，檢查適飲溫度是否在建議範圍內。

因此品飲的溫度很重要，有時好酒在我們的眼前，卻用不適合的溫度去品嘗，結果風味不如預期，誤判是酒質不好而將其打入冷宮，如同有一位好男孩或好女孩在身邊，結果用自以為的態度去對待他／她，終將不能有美好的結局。

2. 葡萄酒的衣裳

如果葡萄酒好，用什麼容器喝會有差別嗎？如果一位女生身材姣好，穿什麼衣服會有差別嗎？絕對是有的，尤其在於細節。用好的酒杯呈現出的氣味，是會令人賞心悅目的。

酒杯，如同酒的衣裳，在品飲不同類型的酒時，會用不同外型、大小的杯子來突顯酒之風味，就好比不同

的民族，都有其傳統服飾來襯托其文化之獨特性。一般會用有杯梗的玻璃杯或水晶杯飲用葡萄酒，玻璃水杯像是T恤，是很平易近人、很輕鬆的裝扮，歐洲人有時在小餐館簡單用餐時，不會刻意用精緻的水晶杯喝酒，而是輕鬆地用水杯裝酒，這樣的方式是已將酒融入日常生活，無傷大雅地成為餐桌上的「一道菜」。

上、下｜在羅馬的小酒館，簡單易飲的餐酒直接用玻璃壺裝，使用對稱的可愛小酒杯。

要用品酒方式來認識每種酒款的特性，輔助性的好酒杯會讓你在觀色上、聞香上、杯口觸感上能更得心應手，建議用有杯梗的玻璃或水晶酒杯來品飲，尤其是後者，當然不用買到頂級的手工水晶酒杯，一般水晶杯就滿好用的，水晶杯還是要有一定的厚度，不然在清洗上很容易「夭折」。記得有次聽喜歡用手工水晶杯飲酒的朋友分享，他說不小心洗破只用過一次的手工水晶杯，當時的心情有如初次失戀般地心痛，杯碎，心也跟著碎。

用帶梗的玻璃或水晶杯來品飲，杯梗有短、有長，品飲或評鑑葡萄酒的國際標準杯就是短梗的「ISO杯」，其有「萬用杯」的別稱，我則封它為「酒杯的小叮噹」。任何酒款都可以使用ISO杯，甚至橫跨烈酒，主要用在品酒或是國際賽事的評鑑中，統一其容量大小、外觀形狀的「標準杯」，就像杯測咖啡或茶的評鑑杯。這實用且價格都容易入手的ISO杯，滿建議初飲者使用，除了葡萄酒，喜歡喝單品或精品咖啡的人，也可嘗試用ISO杯來玩味咖啡香氣。

一般最簡單的分類為紅、白酒杯，紅酒杯會大過於白酒杯，其形狀有常見的U型、V型等。再細分有適合品飲各產區酒的杯型，如波爾多杯、布根地杯、香檳杯、朗布斯可杯等。另一種分法則是以品種來分，有卡本內蘇維濃杯、麗絲玲杯等。當你探究琳瑯滿目的酒杯，反而不知從何下手好，就如同有太多雙鞋在女人的眼前時，不知要穿哪雙出門。可先問問自己常喝哪類型的酒，如果沒有產區或品種上的偏好，就以所喜歡外型的紅、白酒杯挑選起，慢慢累積品飲的經驗後，發現有比較喜歡哪些產地或是品種的酒，再來買搭配其產地建議的酒杯或是適合品飲哪個品種的酒杯也不遲。如果對於「玩味」有興趣的朋友，也可以在喝同一瓶酒時，倒入不同的杯子來比較其氣味上的差異，這

左｜水晶杯在觀色上與質感上均有「更上一層樓」之感。　右｜ISO杯。

葡 萄 酒 杯 類 型

杯碗

杯梗

杯腳

紅酒杯

布根地杯　　黑皮諾杯　　波爾多杯　　卡本內蘇維濃杯

白酒杯

白酒杯　　夏朵內杯

甜酒杯

甜酒杯　　貴腐甜酒杯

氣泡酒杯

蝶型杯　　鬱金香杯　　笛型杯

也是品葡萄酒的樂趣之一。是玩物，也是玩味。

3. 葡萄酒「醒」過來

「眾人皆醉我獨醒」，使人沉醉的葡萄酒，要在酒「醒」的狀態來品飲。葡萄酒在封閉瓶中彷彿進入休眠狀態，直到開瓶後倒入杯中才慢慢甦醒，這過程因接觸到氧氣而帶出葡萄酒許多氣味。然而，並不是所有葡萄酒都需要「醒」過才能品飲，如一般餐酒等級或餐廳的「House Wine」就偏向「即時飲樂」型。白酒通常不用醒，但酒體架構

較緊實的白酒則需要一些時間讓其香氣與口感上慢慢舒張。氣泡酒是來不及醒酒就被喝完，喔不，其實是不用醒即可飲用，而陳放較久並使用香檳釀造法產出的年分氣泡酒是需要醒酒的。

有些年分較新加上單寧較重的葡萄酒，如要在短時間內飲用，則需要空間較寬廣的「醒酒器」（Decanter）來加持。「醒酒器」用於不甜的紅、白酒，如果氣泡酒進醒酒器，那重點的泡泡很快就會消失殆盡，也可選擇在杯中醒酒，慢慢品飲其變化。有些葡萄酒因陳

年時間較長而產生較多的沉積物，需要過瓶來分離酒液與沉澱物，這時醒酒器的功用是「換瓶」大於「醒酒」的作用。「醒」本身和「酒」就有同字邊「酉」，可見古人的智慧也藏匿於此字彙中。

4. 如何聞出多種氣味

一瓶年輕、未經橡木桶熟成的葡萄酒，其氣味像是一杯綜合果汁或綜合花草茶，正因多種氣味融在一起，使初期認識葡萄酒的我們，想要在酒香中一一抽出明確的氣味牌變成「不可能的任務」。然而，如果我們熟知這杯綜合果汁裡的每種水果風味，或是知道這壺花草茶中的成分，要說出果汁或茶中有什麼味道，或許就會變成輕而易舉之事。

說不出葡萄酒裡到底散發出何種香氣，有部分原因是不熟悉有什麼氣味可以形容。「不就是葡萄跟酒精的氣味嘛」，當撇開這兩個基本牌後，會漸漸發現葡萄酒是多采多姿的「氣味萬花筒」！有這樣的概念後，建議在葡萄酒入口前，先多花些時間在「聯想氣味」上，聞香是品酒特有的樂趣，亦是打開感官方式之一，為了

增添自己的「氣味記憶庫」，不妨用餐前先聞再吃，放慢生活腳步去聽聞、欣賞身邊的人事物，多方嘗試轉為實用的知識。

在踏入「氣味萬花筒」前，先來聊聊「氣味從哪裡來」。茉莉烏龍茶的花香是在烘茶時加入茉莉花瓣，使其茶香散發出幽幽的茉莉清香，所以照本宣科，葡萄酒有藍莓果香是在釀酒時加入藍莓萃取液嗎？非然也。「聞道有先後，術業有專攻」，茶、咖啡、葡萄酒這三種令人陶醉的飲品，製程上是南轅北轍，但就氣味上竟有「蕾」同之處。以咖啡為例，咖啡界權威「美國精品咖啡協會」與「世界咖啡研究組織」合作，於2016年正式更新「咖啡品味（者）之風味輪」（Coffee Taster's Flavor Wheel），他們將咖啡氣味分成以下8大類：花、水果、綠色植物／蔬菜、香料、可可與堅果、烤、酸／發酵、其他。

讀到這，或許有些納悶，不是在講葡萄酒氣味，怎麼跳到咖啡氣味來呢？因為咖啡在亞洲的普及率比葡萄酒來得高，可以先從咖啡氣味來切入比較不會讓葡萄酒初學者有陌生感。咖啡氣味的8大類中，跟葡萄酒的氣

味分類相似，但切入其主要分類前，先讓我們來解讀品味（Taste）、氣味（Aroma）、風味（Flavor）這遠觀類似，但近看有別的3個重要詞彙：

（1）口味（Taste）

品嘗食物或飲品時，感受口中，尤其舌頭上之味覺，主要有甜味、鹹味、酸味、苦味、鮮味，跟我們耳熟能詳的「酸、甜、苦、辣」有些出入。辣不是味覺，而是觸覺，辣是因灼熱感而產生的痛。而鮮味是在1985年在正式研討會中被定為第五種味覺，這跟一般認知的「新鮮」不同，「鮮味」也就是「旨味」，例如在肉汁或魚露等都可以找到兩個關鍵性物質來成就「鮮味」，那就是谷氨酸鹽（麩胺酸）、核苷酸。

（2）氣味（Aroma）

嗅覺於鼻腔中感受到或是聞到的「氣味」，亦為「香氣」，還有另一個字也是翻成香氣的是「Bouquet」，這兩個都是形容聞出的氣味，但「香」的標準會因民族、環境、產物的特殊性等因素而不同，所以翻成「氣味」會比「香氣」來得貼切。但在葡萄酒氣味中，「Aroma」和「Bouquet」的定義有些許不同。

（3）風味（Flavor）

結合品味和氣味，口中與鼻腔為所察覺到的味道，融合味覺與嗅覺，稱之「風味」。

回歸正題，「氣味」從哪裡來？為何有許多葡萄以外的香氣，這裡可從「三個階段」來討論：

A. 第一階段氣味

因葡萄品種所生長的環境與葡萄品種本身有特定的氣味，例如：卡本內蘇維濃有黑莓、黑醋栗的氣味；黑皮諾有紅櫻桃、小紅莓的氣味，在這尚未發酵的階段而有的氣味，稱之為「第一階段氣味」。此階段以水果類、花類、香料類、植物類、土壤類為主，通常前三類是最容易描述、也是眾人接受度最高的「香氣」，後兩類也是在葡萄酒會出現的氣味，但受歡迎度沒有前三類來得高，這兩類比較少人會覺得是「香氣」。再次強調，「Aroma」翻成「氣味」會比「香氣」來得恰當些。

起初品葡萄酒，如果不能確切說出哪種水果或是哪種花朵的氣味，可以先以大類來描述酒的氣味，慢慢增加品飲的次數後，可以試著將所聞到的

氣味跟以下各類細項做聯想，跟提及的咖啡風味輪的氣味相似但不完全一樣。

第一類：【水果類】

①紅色水果：

蔓越莓、紅李、石榴、櫻桃、草莓、覆盆莓等。

②黑色水果：

波森莓、黑醋栗、黑櫻桃、藍莓等。

③柑橘：

檸檬、萊姆、葡萄柚、橘子、柑橘醬等。

④熱帶水果：

鳳梨、芒果、芭樂、奇異果、荔枝等。

⑤樹果實：

榲桲、蘋果、西洋梨、杏桃、柿子等。

⑥乾果：

葡萄乾、無花果乾、蜜棗等。

第二類：【花香】

紫羅蘭、玫瑰、茉莉花、薰衣草、鳶尾花、牡丹花、接骨木花、刺槐、紫丁香、金銀花、木槿花等。

第三類：【香料】

白胡椒粉、紅／黑顆粒胡椒、肉桂、茴香、丁香、薄荷、百里香等。

第四類：【植物】

茶、番茄、番茄葉、苦杏仁、墨西哥辣椒、紅／黃／青椒、青草等。

第五類：【土壤】

汽油、火山岩石、甜菜根、盆栽土壤、濕砂礫石、石板等。

B. 第二階段氣味

指發酵過程中產生的氣味，包含酵母或其他微生物作用，尤以「瓶中二次發酵法」釀出的氣泡酒裡，會聞到的「酵母味」、「麵包味」，以下為第二階段氣味之類別與細項：

第六類：【微生物】

奶油、菌菇、松露等。

C. 第三階段氣味

此階段是指在橡木桶、水泥桶、瓶中熟成時所延伸出的氣味，稱為「Bouquet」而不是「Aroma」，其細項有：

第七類：【熟成】

橡木桶熟成：煙燻、雪茄、椰子、香草等。

一般熟成：蜜餞、堅果、皮革、可可、咖啡、菸草等。

第八類：【其他】

以上是一瓶狀態好的葡萄酒會有的氣味，當然不是一瓶酒就有這麼多的氣味，而要看是用什麼葡萄品種、如何發酵、是否經過桶中熟成等因素，從其挑選出對應或是聯想的氣味。

接下來的氣味不是這麼討喜卻相對重要，因為這氣味會告訴你這瓶酒可能出了哪些狀況，也就是「Corked」。就字面上來看像是軟木塞味，應該是正向氣味啊，有些人在拔開瓶塞時，喜歡聞一聞軟木塞被葡萄酒浸濕那端，是宜人的果香氣味，但其真正想表達的是「因軟木塞受到感染而造成的不好氣味」，稱之為「Corked」。造成此氣味的關鍵角色是「TCA」（ 2,4,6-三氯苯甲醚，化學全名為「2,4,6-Trichloroanisole」）。這可以讓「朝氣十足」的葡萄酒轉為「潮氣沖鼻」的調性，就好比發霉的厚紙板、潮濕的地下室、悶濕的報紙等氣味，這氣味有如進入陰森小說的場景，嚴重些還會有我們熟知的「臭噗味」（台語）。那麼，怎麼樣的情況下會產生Corked氣味？

①製作軟木塞的樹皮中有「酚」，遇到外來的「氯」，這兩個化合物不是因為愛，而是因為菌產生TCA。

②這伏筆可能會出現在釀酒廠裡，當酒莊人員用氯溶劑當作清潔劑，因釀酒使設備內殘留些許「酚」物質，而「氯」不小心碰到殘留的「酚」再結合空氣的菌，意外產生TCA。

為了進一步確認是否買到一瓶Corked葡萄酒，還得用喝來釐清這「噗」朔迷離的味道，如果這一瓶酒是你常喝的酒款，喝下後的口感是平扁、沉悶，甚至出現咬舌不放的澀味（針對紅酒），那這瓶酒真的中獎了。請不要驚慌，這時有幾種參考作法：

①可以試著跟購買的商店反應，記得要把原本那瓶和發票帶回讓酒商確認。

②輕微Corked的葡萄酒是可飲用的，因為TCA對人體無害，但多少會影響其氣味、口感和品飲的心情。

有了對氣味細項的認識後，建議多留心去尋找以上沒有聞過的事物並觀察周遭環境，開啟自己的感官來累積生活經驗，漸漸地，會有專屬於自己的氣味分類表。有些在歐美國家較不常食用的水果，如榴槤、紅毛丹、山竹等，雖然沒有出現在細項裡，但不代表不會出現在葡萄酒的氣味中，所以這是基礎而非全部的歸類。相對的，以上有些細項氣味是亞洲國家較不熟悉，如黑醋栗、覆盆莓、接骨木花等，但因現今的國際交流與貿易相當發達，也不難找到這些花果物，建議還是要知道這些氣味，原因在於亞洲市場上的葡萄酒還是以歐美進口居多，這些氣味像是共通的語言被交流著，於閱讀外語葡萄酒書籍、有機會到國外酒廠參訪時，會對於他們所描述的氣味有基本的概念。

第三章
「Sip」啜飲與品酒

　　從眼睛的觀賞，到用鼻子來聞酒的氣味，最後終於能用口來品嘗酒的味道。喝酒前要先概略判斷酒是否能入口，但之後要從哪方面分析口中的美味呢？

1. 如何察覺葡萄酒不對勁？

　　從大口喝酒到小口啜飲，再從學習品酒回到日常飲酒，彷彿是種看山不是山的心路歷程，也許有酒友跟你說：「喝酒，開心就好。」的確，帶著好心情來飲酒很重要，但學習品酒的基本功，就像是能跳能唱的歌手，要能在舞台上微笑自在地跳出有難度的動作，同時唱出沒有走音的歌聲，是要花心思與練習而得來。開心喝酒也要自知哪種類型的酒，是會讓自己或是在眾人場合能夠讓大家愉悅。喝酒可以主觀，而品酒有其客觀部分來評估酒質，這個部分在還沒喝之前，從以下細節就可以推測酒可能不對勁：

在正式品酒會中需要在短時間內品嘗多樣的酒款。

（1）外觀是否混濁
（2）酒色是否對應其年紀
（3）聞到「Corked」
（4）喝時發現有醋酸的味道

　　當酒倒入杯中時，酒液中含有許多沉澱物，而你知道這瓶不是老酒，也不是未過濾的葡萄酒，酒的年分相對的年輕，但色澤卻看起來暗沉，這時就要初步懷疑這瓶的品質或是存放狀況可能出了問題。如果氣味悶悶的，甚至有剛剛我們在之前所提及的Corked味，最後的確認招數就是發

揮「神農氏嘗百草」之精神,將當酒喝起來有醋酸的味道,那麼這瓶酒就經過「看、聞、嘗」後,被「三振出局」了。

2. 喜歡甜,更要接受酸

「可以幫我找一瓶不酸、不澀的葡萄酒嗎?」這個問題好比「可以幫我煮一杯不酸的黑咖啡嗎?」其實這個問題並沒有不對,有些喝葡萄酒的人是從不酸、不澀的甜酒開始。想到我第一瓶自購的葡萄酒是加拿大冰酒,當時送給媽媽當母親節禮物,起初的我也是喜歡喝帶甜的葡萄酒。甜,是人從有記憶以來最能接受的味道,甜能安撫人心,如果攝取適量,何嘗不是一種享受。

然而,葡萄酒之奧妙,除了甜,酸更是扮演重要的角色,前提是有「中庸之道」的酸度。超過,使酒太刺激;不及,使酒飲如水。平衡的酸度讓酒體更有架構、增添品嘗時的層次感,葡萄酒如果沒有適度的酸度,就無法成為搭餐的好夥伴。

葡萄酒的酸分成幾種,最常被提出來討論的有3種,一為常見於水果之中的「蘋果酸」,此為較為尖銳的酸。二為在發酵過程中形成的「乳酸」,此酸如其名較為柔順。三是讓酒喝起來像酒的「酒石酸」,在發酵過程,酒精濃度提高時,使本有的酒石酸之溶解度降低,產生出類似結晶狀的沉澱物,所以稱之為「酒石」。酒石美其名為「葡萄酒鑽石」,這種結晶物,通常見於酒瓶內底部或是附著在浸酒的軟木塞那方,此酸能去除有害的細菌,提供酒質的穩定度。葡萄酒的必要之酸,如同精品咖啡的明亮酸度帶出其層次風味,而葡萄酒亦然如此。

3. 葡萄酒保持青春的祕方

單寧，這看似抽象的專有名詞，卻具體地、普遍地存在於生活中，像是種子、樹皮、木頭、茶葉等，還有部分可食的蔬果，尤其是在果皮中。這些嘗起來在口中有「粗粗」、「澀澀」之感，就是單寧給舌頭的「觸覺」，另外還可以藉由以下的食物，來感受單寧：茶葉、黑巧克力、帶皮的核桃、紅豆等。除此之外，單寧亦是具抗氧化性的多酚類之重要來源。

某次參加法國波爾多釀酒師來台的品酒會，他用布料來解釋紅酒單寧的「質感」。細緻的單寧，如同柔軟的布料，讓我聯想到，粗糙的單寧，觸感類似「丹寧褲」。然而，單寧和丹寧布料的相似之處在於，前者讓紅酒喝起來有扎實感；後者讓牛仔褲看起來經典有型。

葡萄酒的單寧，主要來自3個部分：葡萄皮、葡萄籽、葡萄梗。在釀造過程中，新橡木桶也會給予酒單寧。因為白酒的釀造沒有浸葡萄皮，所以有入橡木桶的白酒，會有一點單寧感的存在。「聰明」的商人，會用橡木屑或單寧粉取代酒入橡木桶熟成的步驟，這點是影響售價的因素之一。而紅酒中，我稱其為另種「擔」寧，雖然單寧的「澀」是不討喜的角色，但因為他「擔當」酒體的架構與陳放的實力，在某個層面，有高單寧的大酒，如義大利有「酒中之王」稱號的巴羅洛紅酒、混高比例卡本內蘇維濃的波爾多級數酒等，他們好比大哥般，讓酒迷們耐心等候，等他們漸漸甦醒後，尊重地品嘗其變化、慢慢發掘箇中滋味。

沒有單寧的紅酒，像是沒有挑戰的生活，不經努力得到的，往往禁不起時間的考驗。因有單寧，紅酒有陳放的潛力；因努力，也有無限的可能性！如同古人黃檗禪師在《宛陵錄》中所著：「塵勞迴脫事非常，緊把繩頭做一場，不是一番寒澈骨，爭得梅花撲鼻香。」梅花因冷而綻放；紅酒因單寧可陳年；人因磨練而成長。所以下次「觸」到紅酒的單寧時，試著跟他做朋友吧！

4. 葡萄酒也有身體

人有身體，葡萄酒也有，稱之為「酒體」（Body）。人體大致來說由頭、頸、軀幹、四肢組成，酒體是從酒精濃度、酸度、單寧、殘糖量等的綜合層面，在口中所感受其重量。雖然有人只用酒精濃度來分，認為低酒精濃度就

是輕盈酒體、高酒精濃度是飽滿酒體，但這樣就好比只用重量數據來分體重之輕重。舉例來說，當聽到體重60公斤，會直覺是重或胖的，但要看被測量者的身高，如果身高是180公分、體重60公斤，這樣是偏瘦的，如果身高是160公分、體重60公斤，則是偏重的。

有了以上的概念，談及酒體時就不能只從單一方面去評論，而在喝下酒後要形容酒體有3個直接分類：輕盈（Light body）、中等（Medium body）、飽滿（Full body），要注意以下單寧是針對紅酒。

知道品飲的葡萄酒之酒體調性後，在餐桌上才能有相對得宜的搭配。

輕盈酒體通常其酒精濃度、酸度、單寧為低或低偏中之間，口感就像是喝低脂牛奶般，但有些輕盈酒體的酒帶有明亮的酸度，相對喝起來很清爽。而紅酒因有單寧、白酒是低到察覺不出，所以同樣輕盈的酒，紅酒類型會比白酒類型之酒體高一些。

中等酒體通常其酒精濃度、酸度、單寧為中或中偏高之間，口感就像是喝低脂牛奶混全脂牛奶。中等酒體搭配餐點的範圍會比輕盈和飽滿酒體來得廣些，因較不會被食物搶去風采，也較不會壓過食物的風味。

飽滿酒體通常其酒精濃度、酸度、單寧為高，口感就像是喝全脂牛奶般，對於常在飲酒的人比較有喝酒之感。這樣的酒款的陳放實力較高，品飲時也須花時間醒酒，搭配的料理以蛋白質或脂質高的食物為主，有些甚至可以搭配雪茄。

不管酒體是輕盈、中等或飽滿，每種類型都有其品質好的酒款，千萬不能單看酒體來評判酒質的好壞與否。

第四章

「Share & Storage」分享與存放

從獨樂樂地品酒，到眾樂樂地分享葡萄酒時，需要表達或是知道一些葡萄酒人士會談及到的知識，此外，知道如何品酒與分享，將酒買回家後，存放的方式也很重要。要知道，葡萄酒開瓶與未開瓶的情況是不一樣的。

目前台灣的葡萄酒市場，以法國酒最為成熟，所以就先介紹法國酒。這個國家的產地多元，而最為熟知的，是3個必須知道的產區：香檳（Champagne）、波爾多（Bordeaux）、布根地（Bourgogne）。

1. 社交時必須知道的 葡萄酒產區（一）

不只是葡萄酒，就連農產品也越來越強調產地來源和品種，台灣亦然。台南市玉井區的芒果，以愛文品種最為知名，此地還出產金煌、凱特等品種，所以當提及芒果時，玉井就有產地的特色與優勢在。而葡萄也是農作物的一種，做出的酒相對有產地與品種上的不同，尤其是某些品種在某些產區具有不可取代的地位，像這樣的酒款，就會是在葡萄酒社交上常被提出交流的話題之一。

波爾多市中心一角。

（1）香檳（Champagne）

「香檳」區是以瓶中二次發酵的氣泡酒聞名，法定的葡萄品種是夏多內、黑皮諾和皮諾莫尼耶。這個常在派對、慶典或宴會出現的氣泡酒，除了基本款，還有「白中白」（Blanc de Blancs）、「黑中白」（Blanc de Noirs）的版本，這兩款都是氣泡白酒，如想要喝粉紅香檳，就要找「Rosé」。

香檳另一種分類可以從含糖量來看，從最甜到最不甜分別有：

殘糖量標示	殘糖量大約數值
Doux	每公升殘糖量為50克以上
Demi-Sec	每公升殘糖量為32～50克之間
Dry / Sec	每公升殘糖量為17～32克之間
Extra Dry / Extra Sec	每公升殘糖量為12～17克之間
Brut	每公升殘糖量為12克以下
Extra Brut	每公升殘糖量為6克以下
Brut Nature	每公升殘糖量為3克以下

左｜通往地下酒窖的黃金階梯，不禁讓我想起夜晚閃亮的巴黎鐵塔。　右｜參觀後就要來品酒啦！

所以在香檳的酒標上看到這些字樣或是當有人提及這些關鍵字，就可知其為何，更可藉此挑選想要的甜度。曾有機會參訪凱歌香檳廠，令人歡喜的，無非是走入地底酒窖，感受香檳陳放的溫度與環境。

（2）波爾多（Bordeaux）

說到法國紅酒，有2個聞名國際的產區，分別是「波爾多」與「布根地」。法國巴黎有左岸咖啡，而波爾多葡萄酒也有左岸和右岸之分，前者是塞納河的左岸，後者較為複雜，是3條河流形成的流域。以流經波爾多的加隆河（Garonne），連結到吉隆特河（Gironde）口以左，為「波爾多左岸」；以流經波爾多的多爾多涅河（Dordogne），連結到吉隆特河口以右為「波爾多右岸」，所以不完全是在同一條河流的左右邊。

波爾多左右岸所產的酒，都是以混釀為主，只是品種的主角不同，左岸是以卡本內蘇維濃為主，右岸是以梅洛為首。而常聽到的「級數酒」是於1855年，針對波爾多左岸的梅多克（Médoc）產區所做出其葡萄酒列級制度，從最高等級的「一級酒莊」到「五級酒莊」。但在社交場合中聽到的「五大酒莊」，指的並不是「五級酒莊」，而是在「一級酒莊」屹立不搖的5座城堡酒莊：

- 拉菲堡（Château Lafite Rothschild）
- 拉圖堡（Château Latour）
- 瑪歌堡（Château Margaux）

左｜藍白相間的歐布里雍堡，美得像童話故事中的城堡。　右｜自製橡木桶，在其工作室兼展覽室能得知製作過程。

波爾多左岸產酒圖

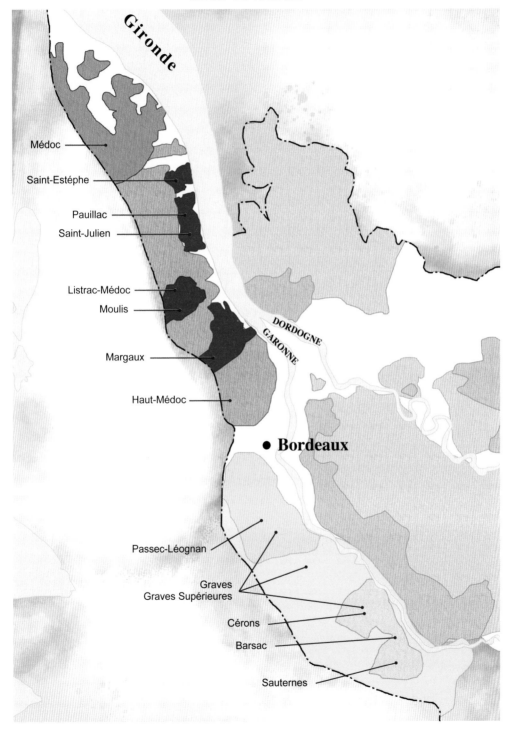

Gironde

Médoc

Saint-Estéphe

Pauillac

Saint-Julien

Listrac-Médoc

Moulis

Margaux

Haut-Médoc

DORDOGNE

GARONNE

● **Bordeaux**

Passec-Léognan

Graves
Graves Supérieures

Cérons

Barsac

Sauternes

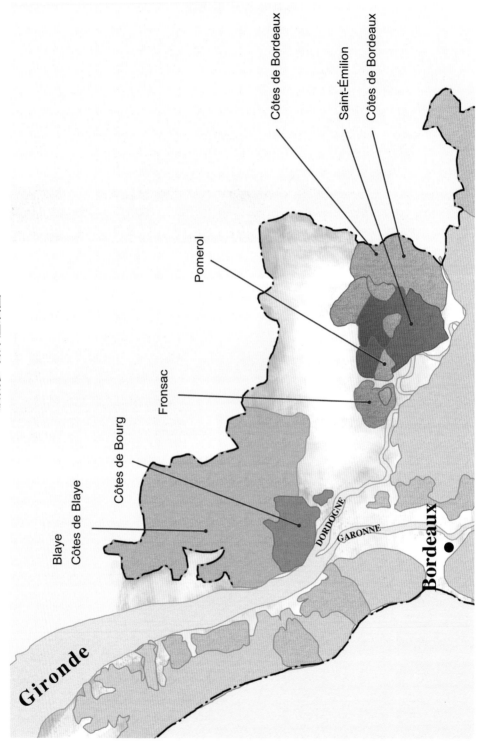

波爾多右岸產酒圖

Côtes de Bordeaux

Saint-Émilion

Côtes de Bordeaux

Côtes de Bordeaux

Pomerol

Fronsac

Côtes de Bourg

Blaye

Côtes de Blaye

DORDOGNE

GARONNE

Gironde

Bordeaux

左｜品飲室「橘園」，室內以綠白色調為主。
中、右｜當天品飲2007年的Château Haut-Brion與2007年的Château La Mission Haut-Brion。

・歐布里雍堡（Château Haut-Brion；為5大
　酒莊中特例非屬梅多克區的酒莊）
・木桐侯奇堡（Château Mouton Rothschild；
　此於1973年從二級升等一級酒莊）

　　這五大酒莊像是葡萄酒愛好者的朝聖之
地，而目前我只參訪過歐布里雍堡和木桐侯
奇堡，前者城堡和諧地對稱當天的藍天白
雲，令人印象深刻的是，由德國籍公關代表
先引領我們到二樓的「古典小劇院」，在螢
幕上播放其歷史故事。此外，公關說波爾多
只有3間城堡酒莊的橡木桶是在酒莊內製作
完成，歐布里雍堡就是其中之一。最後則是
在酒莊主人曾用於私人聚會場所的「橘園」
品飲其佳釀。

　　同次旅程也安排參訪木桐侯奇堡，酒窖
設備有煥然一新之感，他們將每年跟不同

上｜整潔新穎的釀酒室。　中｜橡木桶儲存空間。
下｜拉圖堡指標性之塔。

左｜遠望隱密的瑪歌堡。　中｜帕瑪堡門口。　右｜道莎堡門口內外景觀。

知名藝術家合作的酒標，以展覽的方式呈現給訪客欣賞，彷彿踏入小型美術館。而拉菲堡、拉圖堡和瑪歌堡，則是用到此一遊的方式拍照留念。特別的是瑪歌堡外有一段樹木相鄰的道路，讓人覺得舒服愜意。

因二級酒莊到五級酒莊的選擇不少，在波爾多左右岸內開車，常會不經意看到知名酒堡，而我和友人們在以英國將軍為名之三級酒莊——帕瑪堡（Château Palmer）和譽有「最漂亮的莊園」之五級酒莊——道莎堡（Château

Dauzac）前停車下來像觀光客一樣拍照留念。

當晚待在鄰近瑪歌區的民宿，抵達時已晚，疲倦的我們看到耐心等候且親切的民宿主人與夢幻般的房內擺設，疲勞已消除一半。翌日早餐的空間與準備，也是我吃過最暖心的歐洲早餐。

另外還參訪五級酒莊——康特米爾堡（Château Cantemerle），於19世紀的產量危機時，其酒價格高過部分一級酒莊。

左上｜康特米爾堡之酒窖。　右上｜康特米爾堡之品飲室，當天品飲3個不同的年分。
左下｜侯松·榭格拉堡的葡萄園。　右下｜美如詩畫的碧尚男爵堡。

　　侯松·謝格拉堡（Château Rauzan-Ségla）在木桐侯奇堡升等為一級酒莊後，成為二級酒莊裡排名第一的酒堡。另一個值得停留的二級酒莊為碧尚男爵堡（Château Pichon Longueville Baron）。

　　波爾多右岸最知名的兩個次產區為「聖愛美濃」（Saint-Émilion）和「玻美侯」（Pomerol）。如之前所提，右岸是以梅洛為首混釀其他品種，最常被使用的就是卡本內弗朗（Cabernet Franc），此品種在右岸亦扮演著重要的角色。聖愛美濃不僅是酒產區，亦是聯合國教科文組織（UNESCO）列為世界文化遺產之古城，此區的法定分級比左岸的梅多克晚且不同，從最高等級列起，分別為：Premier Grand Cru Classé A、Premier Grand Cru Classé、Grand Cru Classé。起初，最高等級只有白馬堡（Château Cheval Blanc）和歐頌堡（Château Ausone）。在2012年，金鐘堡（Château Angélus）和帕彌堡（Château Pavie）也升等為「Premier Grand Cru Classé A」。

左｜白馬堡之葡萄園。　右上｜低調的樂邦酒莊，彷彿為私人住宅。　右下｜樂邦酒莊之葡萄園，其果實相當壯碩。

　　玻美侯沒有複雜的列級制度，為波爾多最小的AOC產區 [註1]，卻有3個酒莊釀產波爾多的昂貴名酒，分別是貝翠斯堡（Château Petrus）、花堡（Château Lafleur）、樂邦（Le Pin）。

　　介紹到這裡，突然憶起當年跟朋友們一同來到波爾多，從右岸移動到左岸，是搭著可以承載汽車的渡輪，雖然這不在原本的路線中，卻節省了不少時間，也增添旅途的驚喜。在右岸第一晚的民宿，是有廚房可以使用的舒適空間，我們到了當地就去即將休息的雜貨店掃貨，簡單又開心地下廚喝酒，直到夜空鋪滿閃爍星星。

　　隔天右岸停留的第一站是弗朗薩克（Fronsac）的「河川酒堡」（Château de La Rivière），有著像莊園婚禮的白色大門。之後直奔貝翠斯堡和樂邦酒莊，親眼目睹酒堡與葡萄

1. AOC（Appellation d'Origine Contrôlée）為法定產區，對原產定加以控管及保護。

園的景緻，還有葡萄串之緊實與整潔。如果不是為了葡萄酒，應該不會開長途車專程來此參訪，因為這裡沒有壯麗的知名景點，有的只是小區的葡萄園與閉門的小酒莊。只能透過先前的想像跟當下眼前的場景做連結，自我陶醉於這低調的名貴產地之中。

之後回到波爾多城，找了一家賣著當季生蠔的餐廳，該餐廳員工就將生蠔擺攤在外吸引客群，這招對我們果然有效，「蠔」不猶豫地點了兩大盤與一些配菜，也點了一瓶羅亞爾河谷地區的松塞爾白酒（Sancerre），替這次的波爾多酒莊之行做個開心的收尾。

吃飽喝足後，如果想購買波爾多的級數酒，一定要去參觀建立於1886年的「L'IN-TENDANT」，於1956年被收購，從1970年後由Jean-François Moueix先生掌管，此家族目前經營知名的貝翠斯堡，店內有著開放式的螺旋階梯，拾級而上的兩側牆面擺滿了無數的藏酒，還有壯觀的6公升瓶裝收藏。

（3）布根地（Bourgogne）

布根地，這個迷人的葡萄酒產區，法定使用的葡萄品種相對簡單，但其「地塊」（Climat）卻相當複雜。此區的分級從最高等開始排列如下：法定產區特級園（Appellations Grands Grus）、村莊級法定

上｜河川酒堡。　中一｜貝翠斯堡外觀。
中二｜當季新鮮的生蠔
下｜「L'INTENDANT」裡開放式的螺旋階梯

產區一級園（Appellations Villages Premiers Crus）、村莊級法定產區（Appellations Villages）、大區級法定產區（Appellations Régionales）。

於第一章已介紹過布根地的次產區，而每個次產區有其一級葡萄園到地區級的酒款。特級葡萄園也並非所有次產區都有，以次產區「夜丘」（Côte de Nuits）為例，擁有特級葡萄園的村莊有：

哲維瑞・香貝丹（Gevrey-Chambertin）
莫瑞・聖丹尼（Morey-Saint-Denis）
香波・蜜思妮（Chambolle-Musigny）
梧玖莊（Vougeot）
佛雷傑・埃雪索（Flagey-Echézeaux）
馮內・侯瑪內（Vosne-Romanée）

我參加了由布根地葡萄酒公會（BIVB）和法國食品協會（Sopexa Taiwan）在台北舉辦的「布根地大師講座」，從2015年9月的初級課程有85位學員、10月的中級課程到2016年2月的高級課程，於同年3月收到通過高級班考試的通知信函，最後布根地葡萄酒公會的行銷和外銷宣傳的Nelly Blau女士於10月為葡萄酒業菁英舉辦頒獎典禮，一共有30位學員通過，並成為「布根地葡萄酒專家俱樂部」（Club Expert Vins de Bourgogne）之成員，其布根地酒官方網站有許多整合與實用的知識。

先大致介紹了3個重量級的法國產區，現在來說說一個羽量級的產區——薄酒萊（Beaujolais）。這個產區從布根地向南延伸而下，這兩個鄰近產區在產量上與價格上形成有趣的

左、右｜課程部分品飲酒款紀錄。

對比。薄酒萊區主要以加美品種為主，有用此品種釀成的紅酒或粉紅酒，在市場上以紅酒為先鋒，同時這裡也有用夏朵內釀成的白酒，但其產量只佔此區約2%。這區法定AOP分級 [註2] 是從最高開始排列如下：特級村莊（Beaujolais Cru）、薄酒萊村莊（Beaujolais Village）、大區薄酒萊（Beaujolais AOP）。

另外，每年10月，甚至在9月就會看到「薄酒萊新酒」（Beaujolais Nouveau或較少見的Beaujolais Primeur）的預購宣傳，好比看到新品上市般讓人想跟著潮流走。「薄酒萊新酒」是用當年採收的葡萄釀成酒後，於當年的11月第3個星期四上市，此酒款有著新鮮果香、輕盈酒體、簡單易飲的調性。然而，「薄酒萊新酒」不等於「薄酒萊酒」，因薄酒萊的特級村莊不產新酒，只能用加美釀成紅酒。通常來自大區薄酒萊的新酒建議當年分即飲，無須陳放，而特級村莊之地理位置、氣候、土壤等風土條件，使其釀出的紅酒可陳放好幾年以上。

當天品飲酒款。

如果喝薄酒萊新酒已成為每年必做之事，不妨嘗試特級村莊的薄酒萊酒。但要注意的是，特級村莊的酒標上不會標示「Beaujolais Cru」，而是直接用村莊名來標示，以此跟大區薄酒萊作為分別。這些特級村莊主要位於偏北地帶，目前一共10個，從北至南為：聖愛姆（Saint-Amour）、朱里耶納（Juliénas）、薛納（Chénas）、風車磨坊（Moulin-à-

2. AOP對等法國葡萄酒制度的AOC，AOP（Appellation d'Origine Protégée）為歐盟制定的法定產區葡萄酒。

薄酒萊公會代表。

Vent）、弗勒莉（Fleurie）、希露柏勒
（Chiroubles）、摩恭（Morgon）、黑
尼耶（Régnié）、布依利（Brouilly）和
其內部的布依利丘（Côte de Brouilly）。

這10個特級村莊可說各有其特
色，某次參與國外舉辦的世界葡萄酒
會議，其中一場大師講座是由薄酒萊
公會舉辦之研討會，可同時品飲布依
利、聖愛姆、弗勒莉、風車磨坊、摩
恭這5個特級村莊的酒。每款都有加美
的特色，但就細微的差異上，布依利
的尾韻多了點礦物風味，聖愛姆和弗
勒莉之花香比果香較為顯著與細緻，
前者還帶有淡淡香料味。風車磨坊的
香氣豐富，有不錯之平衡口感，摩恭
為此品飲中酒體最厚實的一款。

喜歡喝紅酒的人可以深入法國隆
河谷地區，以希哈品種為主，產地分

為北隆河與混釀工藝的南隆河；喜歡
白酒的人則可往羅亞爾河谷地區、阿
爾薩斯、薩瓦區尋找。當然這些產區
都有釀造紅、白酒，只是產量會偏重
於其中一個。如果不分類型，可以在
南法一網打盡紅、白、粉紅、氣泡與
甜酒類型的葡萄酒。

2. 社交時必須知道的 葡萄酒產區（二）

前述我們只概略談談法國葡萄
酒，而在社交上，葡萄酒不只是法國
的天下，只因法國酒在國際市場上的
能見度較高，所以從此國介紹起。現
今歐洲國家的葡萄酒，越來越多被引
進國內，而全球產量平均排名前三的
國家為法國、義大利、西班牙，義大
利酒會在〈PART II 輕鬆「義」飲葡萄
酒〉做詳細介紹，在這裡就讓我們先
談談西班牙酒吧！

說起西班牙酒，首先要談到有
許多歷史故事的雪莉酒（Sherry）。
「Sherry」看似女性的英文名字，在
西班牙酒中稱為「Jerez」，此名來源
跟赫雷斯·德拉弗特拉城（Jerez de
la Frontera）有密切的關聯，因為此
地為「正港」雪莉酒的發源地，釀雪

莉酒的葡萄要來自法定鄰近赫雷斯‧德拉弗特拉城和兩個近海港城鎮聖瑪莉亞港（El Puerto de Santa María）和桑盧卡德瓦拉梅達（Sanlúcar de Barrameda）之葡萄園，這個金三角形成法定「Jerez DO」的範圍。當時不僅西班牙，連英國與法國都喜愛這西班牙的陽光酒，但都用自己的母語改稱為「Sherry」（英）、「Xérès」（法），為了辨識方便，Jerez DO亦可標示為「D.O. Jerez-Xérès-Sherry」。

看到雪莉酒的酒標資訊時，會發現其酒精濃度比一般葡萄酒高，是因為它有加入烈酒。當葡萄發酵後再加入用葡萄蒸餾出的烈酒，使其酒精濃度變高。會這樣做是因為早期為了因應航海貿易，當酒的酒精濃度變高，就不易在長途運輸中變質。

雪莉酒因海港之利、特殊土壤、法定品種、釀造方式、熟成方法等之獨特性，有分不同的類型。法定品種有3個，第一種為帕羅米諾（Palomino），主要用於釀造不甜的雪莉酒。經過生物影響而熟成的雪莉酒稱為「Fino」或「Manzanilla」，這兩者差異在於後者出產於金三角之一的桑盧卡德瓦拉梅達城。經氧化過程

的雪莉酒稱為「Oroloso」，而同時有生物影響跟氧化過程的雪莉酒稱之為「Amontillado」、「Palo Cortado」。另外2個品種為佩德羅‧希梅內斯（Pedro Ximénez，簡稱「PX」）和莫斯卡特爾（Moscatel），主要是釀造甜的雪莉酒。

這麼多種類的雪莉酒，還是要找機會好好品嘗一番，才能知道自己喜歡哪種類型與風味。除了國內已引進的雪莉酒，西班牙於2017年11月上旬，由西班牙雪莉酒公會（Consejo Regulador Vinos de Jerez y Manzanilla）舉辦的「國際雪莉酒週」，讓國內外的參與者藉由研討會、餐酒搭配、用雪莉酒做出的調酒等活動，讓更多人能接觸並了解雪莉酒。

鄰近法國的西班牙，亦有其釀酒歷史與代表的葡萄酒，其中首推西班牙北部傳統產區「里歐哈」（Rioja），這裡出名酒也出名人，詩人Gonzalo de Berceo先生更於其詩集中提及此自家鄉酒之美好。里歐哈範圍橫跨3個行政自治區，分別為拉里歐哈（La Rioja）、亞爾維（Álava）、納瓦拉（Navarra）。主要河流為埃布羅河（Ebro），法定產酒區主要劃分成里

里歐哈產酒圖

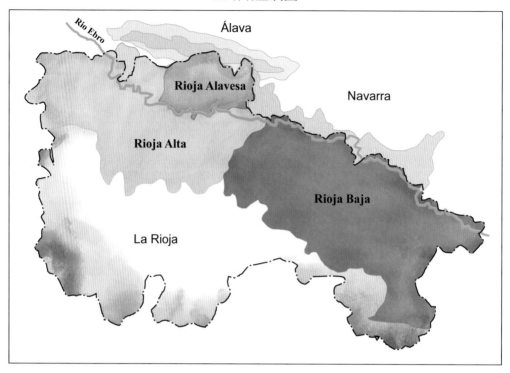

歐哈亞爾維薩（Rioja Alavesa）、上里歐哈（Rioja Alta）、下里歐哈（Rioja Baja）。

里歐哈酒可分為紅、白、粉紅3種型態，90%產量是紅酒，使用品種以田帕尼優和紅格納治（Garnacha Tinta）品種為主，特殊紅葡萄品種則有格那治諾（Graciano；有成為里歐哈酒明日之星潛力）、曼蘇耶洛（Mazuelo）、紅瑪圖拉納（Maturana Tinta）等。

釀造白酒之品種有最常見的維尤拉（Viura）；也就是馬卡貝歐（Macabeo）、瑪發席亞（Malvasía de Rioja），還有特殊的白格納治（Garnacha Blanca）、白田帕尼優（Tempranillo Blanco）、白瑪圖拉納（Maturana Blanca）、圖露特斯（Turruntés de Rioja）等，也可找到維岱荷（Verdejo）和國際品種夏朵內與白蘇維濃等。

里歐哈是西班牙葡萄酒中第一個成為法定優質產區（DOCa：Denominación de Origen Calificada）之產區。時間拉回12世紀，當時里歐哈酒受到桑喬大帝（King Sancho of Navarra）之認同與讚賞，接著19世紀時，法國波爾多葡萄園前後受到黴菌與葡萄根瘤蚜蟲的危害，葡萄酒商人因此找到了鄰近的西班牙里歐哈產區，這裡有著眾人所喜愛的傳統釀酒工藝和酒陳放於橡木桶後所產生的風味，此契機使西班牙酒聞名國際。後期雖沒落，但於1970年革命時已使酒的品質與法定產區更加有規範。在DOCa等級的里歐哈酒，對於桶中的熟成時間是有法定上的規範。

新世界的酒，彷彿為後起之秀遍布全球，以美國為例，最為知名的非加州莫屬。其中以鄰近舊金山北部的納帕山谷最為眾人所知，主要用國際品種釀酒，以卡本內蘇維濃為招牌，其酒香氣濃郁、酒體豐腴，因而有「Napa Cab」之稱。如喜歡黑皮諾與夏多內，可以往卡內羅斯（Los Carneros）找，這個跨納帕山谷與索諾瑪山谷（Sonoma Valley）的古老小產區，有著涼爽的氣候，使這兩個品種

在此生長得好。如果納帕山谷以釀產厚實的紅酒舉世聞名，卡內羅斯則以釀產細緻的氣泡酒名聲遠播。

雖然美國是非常懂得行銷的國家，但其葡萄酒響亮的知名度不單單是這因素。於1976年5月，「巴黎審判」（The Judgment of Paris）或稱「巴黎品酒會」（1976 Paris Wine Tasting），參賽酒不是來自波爾多，就是從布根地而來。美國酒的加入是因在巴黎開店的英國酒商史帝芬・斯波里爾引進美國酒，他和派翠夏・加拉格爾，想在這次品酒會中知道美國酒的實力。而專業評審團以盲飲方式進行品飲，結果令人驚訝與驚嚇，紅、

美國加州的金芬黛紅酒。

57

上｜幸運酒莊之葡萄園與前往品酒室之指標。

中1｜「Meritage」為使用波爾多品種的混釀紅酒，使用此字樣需從加州創立的「Meritage Alliance」取得商標。「Meritage協會」之會員方能釀造此酒並使用此字樣行銷。

中2｜搭配酒款的美味小點。

下｜加州葡萄酒之推廣活動與課程。

白酒雙料第一都是美國加州酒，當時法國、英國、美國媒體大幅報導，甚至後來拍成電影《戀戀酒鄉》（Bottle Shock），這使美國酒的地位躍升，也讓納帕山谷成為明星產地。

加州除了納帕山谷，還有索諾瑪縣（Sonoma County），這產地大致劃分成3：有前面所提到的索諾瑪山谷，還有北索諾瑪（North Sonoma）和索諾瑪岸（Sonoma Coast）。加州酒基本上是用國際品種釀酒，此外，金芬黛（Zinfandel）為代表品種，常見打上「老藤金粉黛」（Old Vine Zin）字號，然而目前沒有官方的規定年邁多少的藤枝方能稱「老藤」。用此品種釀出的紅酒，如同雷諾瓦20世紀初的畫作〈大裸女圖〉那樣豐腴甜美。

曾到訪加州中央海岸（Central Coast）的「幸運酒莊」，此酒莊位於聖馬汀山丘，為當地永續經營葡萄園和酒莊的先鋒之一。當日參訪天賜溫暖的陽光，得以拍到以下的照片。

加州紅酒協會（Wine Institute of California）定期來台舉辦加州葡萄酒之研討會與品酒活動，官網詳細介紹產地特色、飲食文化與永續的葡萄種植概念。跨出加州，美國有超過30州種植釀酒葡萄，較常見的為奧勒岡州、華盛頓州、紐約州等。奧勒岡的酒，使用品種相當多元，產量最多為黑皮諾跟灰皮諾。而回想起某次品嘗到紐約州的黑皮諾紅酒，那滋味真是一切盡在不言中。

3. 開瓶與未開瓶的儲存方式

「酒」的發音，可能讓人以為葡萄酒可陳放很「久」，然而，不是全部的葡萄酒都能久藏，如同不是所有的愛情都能長久一般。要如何知道一款酒能陳放多長的時間，這問題好比兩人相愛可以維持多久，其實沒有標準答案，但有跡可循。

葡萄酒的品質是陳放要素之一，而好的存放環境，亦是保護酒質的重要關鍵。開瓶與未開瓶的酒，存放方式各有不同。前者，如果是在聚會場合、搭配餐點的情形時，較不會有剩酒狀況。而葡萄酒，尤其是紅酒，常被當成「保養飲品」，會於飯後小酌一杯，以一瓶標準容量750ml而言，一個人通常要分幾次才能喝完。這樣的情形下會建議買幾個小的密封式玻璃瓶，在第一次開瓶時就先分裝成小瓶，「裝好裝滿」，減緩酒的氧化速度，等到小酌時，再取一小瓶倒入酒杯中飲用。提醒一下，飯後小酌可以讓身心放鬆，但建議不要喝完馬上就寢，因為酒精會助眠，同時也會干擾睡眠。

另一種開瓶後如有剩酒的保存方式，是使用「葡萄酒真空器」將瓶中的氧氣抽出，但剩酒不多時其效果不佳。還有一種是像魔術般的「葡萄酒取酒器」，不用拔出軟木塞，直接套上氬氣瓶的道具，先擠出氣壓使針狀物穿過軟木塞，之後傾斜酒瓶，按道具上的鈕後就可以讓酒液流至酒杯，之後再取出針狀物使軟木塞恢復密封狀態，只是此便利道具之價格不便宜。

而葡萄酒在未開瓶時的保存方式，以軟木塞封瓶的葡萄酒瓶要斜放或橫放，讓一定的酒液量浸溼到軟木塞，使其不會乾燥，等到要品飲前，記得要直立酒瓶幾個小時以上，如有細微的沉澱物可讓其緩緩沉積於瓶底。葡萄酒存放的環境，以無雜味、不悶熱之處為主，避開高溫和潮濕的地方。

有人會問是否一定要有葡萄酒恆溫櫃來儲存葡萄酒，假如有收藏許多可以陳放的葡萄酒，建議考慮買個實用的恆溫櫃來存放藏酒。如果沒有這樣的打算，現今買酒的管道多元且方便，有大賣場、便利商店、生鮮超商、葡萄酒專賣店等，想喝時再前往購買幾瓶，就不需要刻意買恆溫櫃存放葡萄酒。

4. 「餐不離酒、酒不離食」之生活

葡萄酒，從樸實的產物出身，人民用生活中可取的食材做成佳餚，搭配當地葡萄所釀成的酒，將這兩樣擺放在餐桌上，就是歐洲凝聚家人或親友間的向心力之處。隨著時代變遷，葡萄酒像是鄉村出走到城市的遊子，闖出「時尚」的名號，越來越多的葡萄酒愛好者或對葡萄酒有熱情、精進分子，對餐酒也有歸納性的整理，進而成為系統性的理論，像是一張婚姻合約，簽了，就回不去了；離了，也救不回去了。

在多元的城市中，葡萄酒彷彿被星探發掘，把葡萄酒變得多才多「異」，搭配多樣的「異」國料理，尤其是亞洲菜餚。葡萄酒踏進了中式、泰式、日本、韓國等料理之門，一些「Fashion」（時尚）的餐廳以「Fusion」（融合；衍生為「無國界料理」）的餐酒搭配來創新，耳熟能詳的「婚姻關係」（Marriage），成為餐酒組合中的專有名詞，以此比喻餐酒間「平衡」或「可接受」之搭配。

在認識萬花筒般的酒食世界前，這之間有著另種關係，為結婚前的「約會」。透過約會的過程，去了解餐、酒各別的「個性」，再體驗餐酒結合的特性，這之中，一定會發生「吵架」或有「不合」的時候，但這樣會讓我們的味蕾走出安全牌，在參考發表過的餐酒搭配文章或是他人經驗的分享之外，試著做出不同的嘗試，才能「蕾」積出自己的經驗，增加生活的趣「味」！

在開放的社會，無論是異國或同鄉婚姻，均有美滿幸福或因了解而分開的例子，餐酒搭配亦是如此。不管是同性質（性格）而相配，或是不同性質（性格）的互補，甚至是單一方的陪襯（像是每個成功者背後的支持者），都可找出對應或適當的「場合」，所以要論定餐酒的婚姻前，可別跳過能夠相互了解的Dating喔！

閱讀於此，對於葡萄酒應有基本的概念與了解，當然，一定要品嚐過才知每款酒的真滋味，也才能找到自己喜歡的類型，除了有幾個安全牌可供參考，進而做搭配餐也就較容易上手。可從酒和食物於口中的感受分類，酒體上是輕盈、中等、飽滿？食材、烹飪方式、醬汁結合出的菜餚是溫和、中等、豐富？通常溫和菜餚建

左 | 於義大利利古里亞之小鎮，當日為一連串忙碌活動之休息日，用香檳來慶祝並搭配海鮮類前菜。
右 | 可嘗試用酒體適中的紅酒來搭配白肉。

議搭配輕盈的酒款、豐富菜餚搭配飽滿酒款，再更細一點，可從「甜、鹹、酸、苦、鮮」來討論酒與食相互影響之關係。

食物的甜和鮮會讓不甜的酒嘗起來較澀（紅酒）、較酸，而食物的鮮較難單獨嘗出，因為通常會和鹹味一起。食物的酸跟鹹可增添不甜葡萄酒的風味和酒體飽滿度，但同時也會降低葡萄酒的酸度。而食物的苦亦會提高不甜葡萄酒的苦味。雖然辣或辛辣不在此分類中，卻是生活很「嘗」見

的佐料，帶辣或辛辣的食物會增加不甜葡萄酒之酒精感和苦、酸、澀味（紅酒），相對也會提高食物的辛辣度，對於喜歡刺激感的人而言，對此接受度較高。

食物的含脂量也是餐酒搭配的考量面，通常會以酸度高或單寧高的不甜葡萄酒來搭配富油脂的食物。但也有出人意表的搭配，像是以甜的葡萄酒搭配鹹的食物，最經典的例子就是貴腐甜酒搭配煎鵝肝。

因為葡萄酒，讓我有機會三度受邀外交部，和（前）外交部長林永樂、臺義「國會友協」主席馬朗參議員、義大利經濟貿易文化推廣辦事處肖國君代表、義大利共和國國會眾議院眾議員代眾議員代表團交流。

　　喝酒到某個程度，能踏上葡萄園是件很美妙的事，能藉此深入了解葡萄酒背後的辛苦歷程、每瓶好酒的得來不易，也體悟到飲酒思源的道理。所以，給自已一個動力，試著出走飛向葡萄酒國度，創造出專屬自己的葡萄酒故事吧！

PART II

輕鬆義飲
葡萄酒

義大利北部

皮耶蒙特　　利古里亞

亞奧斯塔山谷　倫巴迪亞

威內托　　弗留里・威內席亞・朱利亞

特倫汀諾・上亞迪杰　艾米利亞・羅馬涅

義大利中部

托斯卡納　　溫布里亞

馬爾凱　　拉吉歐

義大利南部

阿布魯佐　　坎帕尼亞

莫利塞　　普里亞

巴西里卡塔　卡拉比亞

西西里島　　薩丁尼亞島

「飲」言

　　有時飲酒會延伸出一些不在自己人生計畫中的想法，本書就是其中最佳範例。

　　融合多元民族而成的義大利，於西元1946年成立共和國，國土是由亞平寧半島、地中海的西西里島與薩丁尼亞島以及鄰近所屬其之小島組成，亞平寧半島中隱藏著兩個獨立小國──梵諦岡與聖馬利諾。首都現今為羅馬，約有6,000多萬居民於領土面積約30多萬平方公里的土地上生活著。義大利之別稱為「美麗國度」，其顯現於古典建築、歷史古蹟和自然風景之中，義大利為目前聯合國教科文組織世界遺產景點最多的國家，如此豐富的收藏讓歌德、濟慈及拜倫等名人都曾周遊義大利，浪漫派的英國詩人濟慈更有感而發說：「義大利是放逐者的天堂。」

　　我在兩千零「酒」（2009）年讓心放逐在義大利，因其如歌聲般的語言、開闊的生活態度、酒海無涯的學習環境，使我選擇在翡冷翠短居，成為我第二個家鄉，並到處走訪散發出酒香的大小城鎮。發現此國飲食文化與生活習性無法以「義」蓋全，他們對於吃喝看似輕鬆卻不馬虎，國際農業發展基金會、聯合國糧食及農業組織等總部均設立在羅馬，可見「義食」對全球之影響力。

　　在飲品方面，有產啤酒、葡萄酒、義式白蘭地、烈酒等，其中最具代表、最多樣、最複雜的，非葡萄酒莫屬。有趣的是，義大利的葡萄酒在全球之普及度，總是慢「義食」好幾拍，熟知義大利食物的人之比例，遠遠超過瞭解義大利酒的人。但其葡萄酒文化早在4,000年前發跡，從原始部落、古希臘、古羅馬等一連串的影響與扎根，到近代官方政府所訂下的分級制度，還有各產區葡萄農民和釀酒師們對其酒款特色與特殊品種之捍衛跟鞏固，加上義大利酒之產量與外銷量不斷攀升等因素，提高義大利酒的能見度與不可忽視的重要性成為他

們的要務。因此微醺中的發想〈輕鬆「義」飲葡萄酒〉，讓想認識義大利酒萬花筒世界的人，能有個管道可進入，亦是這本書存在的必要性。

葡萄酒就像是「食」物中不可「欠」缺的「飲」品，義大利食物和葡萄酒如同碗筷密不可分的關係且合作無間。義大利酒的世界能體驗出其傳統中有現代、現代中有傳統的概念，其美妙之處在於只要跨過一個省分，甚至一個村莊，所釀出的酒就有截然不同的風格，這都要多虧於其微型氣候、地理位置、土壤成分、多元品種、釀酒技術及熟成方式等交錯出來的成果。以產量而言，義大利雖然沒有每年獲得「衛冕者寶座」，但多數都在前三名，若以葡萄品種和法定酒款的數量而言，卻是位居第一，地位穩如泰山從沒動搖過。一些釀造大酒的品種，如「內比優柔」、「山吉歐維榭」、「亞力安克」等，被移植到其他國家時都有適應不良之

一共20張A4紙，一張為一產區的最初文稿，全部攤開時，意識到我的部分青春已經投入在其中。

情形，雖能種植出來，釀出的酒卻沒有自己家鄉來得好，也因此造就讓了義大利酒之獨特性。這些特色品種如同其大城市的知名建築，想看「水都威尼斯」、「花都翡冷翠」、「壯烈古都羅馬」都必須來義大利，雖有其他國家模仿這些都市的造景或建築，但其經過長久歷史而留存下的韻味與細節，是無法被取代的，這也就是為什麼義大利酒是如此的特別與不可替

代，進而成為葡萄酒世界中非喝不可的酒款。

義大利葡萄酒 Made in Italy

當拿起一個物件，在小標籤上看到「Made in Italy」（義大利製造）時，直覺反應會是什麼？是品質好？價格貴？還是？

1. 認識20個大產區

認識義大利酒時最簡單的部分就是大產區的劃分，有些釀酒國的葡萄酒產區會橫跨幾個行政區，而義大利酒的20個大產區就跟其行政區同名。然而，這20個大產區都有各自的專屬品種、多樣微型氣候、不同地理位置等，所以想認識義大利酒，建議先以北義、中義、南義來辨別，深入時需要用探索20個小國家的態度來品嘗這多元又有趣的義大利酒，才能了解義大利酒之精髓。別於義大利的精品品牌，義大利酒雖是「Made in Italy」，但若能找到許多品質好而價格不貴的好酒，可以使我們的生活更有品味。

（1）義大利北部
· Piemonte：皮耶蒙特
· Liguria：利古里亞
· Valle d'Aosta：亞奧斯塔山谷
· Lombardia：倫巴迪亞
· Veneto：威內托
· Friuli Venezia Giulia：
　弗留里·威內席亞·朱利亞
· Trentino-Alto Adige：
　特倫汀諾·上亞迪杰
· Emilia-Romagna：艾米利亞·羅馬涅

（2）義大利中部
· Toscana：托斯卡納
· Umbria：溫布里亞
· Le Marche：馬爾凱
· Lazio：拉吉歐

（3）義大利南部
· Abruzzo：阿布魯佐
· Campania：坎帕尼亞
· Molise：莫利塞
· Puglia：普里亞
· Basilicata：巴西里卡塔
· Calabria：卡拉比亞
· Sicilia：西西里島
· Sardegna：薩丁尼亞島

2. 義大利酒的分級制度

義大利酒的分級不是為了比較誰比誰好，而是著重於產地來源，並且以官方法定制度來規範並保護當地酒款之特色性，通過官方認證的酒款亦會將其分級標示於酒標上，所以在挑

義大利酒20個大產區圖

北部

中部

南部

TRENTINO-ALTO ADIGE

FRUILI VENEZIA GIULIA

VELLA D'AOSTA

LOMBARDIA

VENETO

PIEMONTE

EMILIA-ROMAGNA

LIGURIA

LE MARCHE

TOSCANA

UMBRIA

ABRUZZO

LAZIO

MOLISE

PUGLIA

CAMPANIA

SARDEGNA

BASILICATA

CALABRIA

SICILIA

選義大利酒時一定要先檢查是否有分級，如果在前標沒有看到，可以在背標找尋相關資訊，目前分級如下。

· 日常餐酒等級（VdT）：
Vino da Tavola

　　於分級中最基層的等級，沒有嚴格規定，酒標上無標示年分，除了標示「Vino da Tavola」，亦可標上「Vino Rosso」（紅酒）、「Vino Bianco」（白葡萄酒）、「Vino Rosato」（粉紅酒）。

· 地區餐酒等級（IGT）：
Indicazione Geografica Tipica

　　出現在1992年，此等級的酒可來自義大利境內的特定大產區，或是指定的小區域，因規範較法定產區DOC等級少，所以有些風格強烈的釀酒師想要擺脫繁瑣的規定時，會選擇此等級來發揮長才，因此有些酒莊的旗艦酒要不是DOCG就是IGT。此等級的經典佳作為「超級托斯卡納」酒（Super Tuscan），然而，非所有的IGT酒都是如此，此等級像是刮刮樂，還是有機率會刮到普通、簡單、易飲的地區餐酒。

· 法定產區等級（DOC）與
保證法定產區等級（DOCG）：
Denominazione di Origine
Controllata & Denominazione di
Origine Controllata Garantita

　　DOC最先為官方法定之等級，目的是讓國內與國際市場的消費者能分辨出有官方控管的酒款，後來因DOC等級累積的酒款越來越多，於是在1980年，官方再從DOC中挑選出DOCG，目前已挑選出70多個法定酒款。從產地來源、使用品種與比例、每公頃產量、酒精濃度、熟成時間等（你永遠不知道義大利酒明天會有怎樣的變化與招數）來規範DOCG等級。

　　有些DOCG等級還可在酒標附上具有代表性的次產區或單一葡萄園，值得注意的是於2014年，托斯卡納「傳統奇揚地」（Chianti Classico）的DOCG有了「特選」（Gran Selezione）等級，此等級的酒需要用來自單一葡萄園或是酒莊最優質的葡萄釀造，熟成時間至少2年半，當然，其他方面的規定都要來得比Chianti Classico DOCG來得更嚴格。

義大利酒分級制度

保證法定產區等級（DOCG）
Denominazione di Origine Controllata Garantita

法定產區等級（DOC）
Denominazione di Origine Controllata

地區餐酒等級（IGT）
Indicazione Geografica Tipica

日常餐酒等級（VdT）
Vino da Tavola

3. 破除酒標字義迷思

　　義大利酒的酒標，對於酒廠名稱、酒名、年分等，並無排序上的規定，圖樣更是五花八門，有些圖是古典酒莊被排列整齊的葡萄園圍繞，有些則是結合當地藝術家所繪製的圖樣，某些大酒廠還可以做到客製化設計，更可以天馬行空地替酒取名，不少是以家族中爺爺、奶奶、爸媽、兄弟、姊妹、親戚，甚至能以家中的狗狗或貓咪名來取酒名。儘管如此，官方法定分級還是有以下常見的字，要符合規定才可以標示在酒標上。

· 傳統區塊（Classico）：

　　從字面來看像英語的「Classical」，直覺會翻成「經典」，但確切來說，是指酒產地之發源、傳統區塊。如托斯卡納的「傳統」奇揚地（Chianti 'Classico'），還有威內托的「傳統」索亞維（Soave 'Classico'）等，只有某些特定產區有分其傳統區塊，因此不是所有酒都能標示「Classico」。

· 陳年（Riserva）：

　　聽到「陳年」，讓人直覺反應是酒應該可以放很久。相反地，有標示「Riserva」的酒是比其基本酒款的熟成時間要來得長。舉例來說，托斯卡納知名的大酒Brunello di Montalcino DOCG的法定熟成時間至少4年，而Brunello di Montalcino DOCG Riserva需要5年。

· 酒精濃度較高（Superiore）：

　　直譯是「高等」，其實是指此款酒的酒精濃度比基本酒款「高」一點，並非品質較高，但有少部分的Superiore品質確實比基本酒款高。

4. 義大利酒參考指標

（1）《義大利佳釀》
　　　（Vinibuoni d'Italia）

　　由瑪力歐‧布索（Mario Busso）和路易吉‧克雷莫納（Luigi Cremona）先生雙主編，經「旅遊出版社」（Touring）出刊，《義大利佳釀》致力於推廣用義大利在地或原生品種葡萄所釀出的好酒，用金黃色的「皇冠」（Corona）作為優質佳釀的認證指標。

　　《義大利佳釀》的評審是由一群專業侍酒師與葡萄酒相關媒體所組成，一年需要品飲與評出高達約26,000款酒，入圍第二評選的只有600至700款。第三評選分為兩部分，第一部分為《義大利佳釀》資深成員，另一部分則是來自國內外的義大利葡萄酒愛好者（挑選約36位），而後者是有義大利侍酒師或品酒師認證、釀酒師、葡萄酒專賣店店長或老闆等相關專業資格與資歷者。每一部分各有3個

左｜左為核心人物瑪力歐‧布索先生，右為專業品酒師雅妲女士。
中｜左為社交溝通與媒體聯繫人安德烈亞先生，右為對外活動領導者齊雅菈小姐。
右｜榮幸參與2018年度最後評選，此年度也刊登我的葡萄酒文章。

小組，而義大利葡萄酒愛好者部分，每一個小組由《義大利佳釀》資深成員當組長帶領品酒評鑑進度，每個產區以多方的觀點綜合評選出「皇冠」佳釀，經過最後評選後共約有400多款酒榮獲皇冠，未通過的酒款仍有「金星」（Golden Star）之榮譽。

（2）《維諾內里之葡萄酒黃金指南》（Guida Oro I Vini di Veronelli）

現代義大利酒評之父路易吉・維諾內里（Luigi Veronelli）先生，在世時曾出版150本介紹義大利各產區食物及葡萄酒的相關書籍。他畢生收藏的酒高達上萬瓶，總稱自己為哲學家、詩人、出版者、行動主義者等，寫過烹飪書，也主持過電視烹飪節目，是義大利優質葡萄酒、佳餚、橄欖油的捍衛守護者。2018年的《維諾內里之葡萄酒黃金指南》，團隊精選2,000多家酒莊，酒款高達16,100多瓶，其中314款經評選後榮獲「超級三星」。

首次釋出路易吉・維諾內里先生收藏的老年分酒款之品酒研討會「漫步土地」（Camminare la Terra），由紐約「Astor Center」團隊與維諾內里家族合辦，雖然他已是知名的義大利酒評家，但從不提自己在葡萄酒界的渲染力。此品酒研討會之目的，主要將維

左｜Astro Center團隊。　右上｜和維諾內里家族之合照。　右下｜當天品飲之老年分的稀世佳釀。

諾內里先生的影響力讓更多人知道，尤其是年輕族群。受邀此特殊品酒會的我，面對莊主代表們和其老年分的稀世佳釀，有著滿滿的收穫與感動。

（3）《紅蝦義大利酒評鑑》
（Vini d'Italia- Gambero Rosso）

於1986年從出版介紹義大利料理與葡萄酒的雜誌起家，現今為義大利具公信力與權威性之葡萄酒和料理的評鑑單位。美食用「叉子」與「蝦子」之圖案來評鑑，葡萄酒則用「杯子」，最高為3個杯子。台灣於2016年11月首度選出紅蝦評鑑的「最佳餐廳」。

《紅蝦義大利酒評鑑》國際主編羅倫佐・魯傑立。

（4）《慢酒指南》
（Slow Wine Guide）

是由義大利「慢食」（Slow Food）組織所創的葡萄酒刊物。認為酒跟食物都是農業產物，並影響周遭環境和生產者的生活，《慢酒指南》支持與推廣具有傳統文化、尊重自然與保護在地品種的小型酒莊。《慢酒指南》使用「蝸牛」、「酒瓶」、「硬幣」圖像來評鑑酒莊，以「日常」（Vini Quotidiani）、「優質酒」（Grandi Vini）、「慢酒」（Vini Slow）3個等級評鑑葡萄酒。

（5）義大利最佳酒款：路卡・瑪諾尼
（I Migliori Vini Italiani- Luca Maroni）

此為義大利知名酒評家「路卡・瑪諾尼」（Luca Maroni）先生以個人名義所建立的評分標準，他自稱為「感官分析師」，其評鑑方式為「PI＝C＋B＋I」，C是「一致性」（Consistency）、B是「平衡度」（Balance）、I為「完整性」（Integrity），綜合這三方成為「愉悅指數」（Pleasantness Index），一個面向從1分給到33分，三個面向總合為99分。

其他參考還有「I Vini d'Italia - Le Guide de L'Espresso」、「Bibenda」等。

義大利
北部

Northern Italy

終於找到一次機會夜遊杜林，
在旅途中，有許多的初次，
有時是最後一次，
而品嘗到的酒款也是。

第一章

內斂奔放自如：皮耶蒙特（Piemonte）

🍷 產區簡介

皮耶蒙特大區，英文為「Piemont」，此行政區之首府為「阿爾卑斯之都」——杜林，這個城市的觀光名氣雖然沒有比翡冷翠、威尼斯來得高，但其政治地位、工業發展卻享有國際名譽，杜林的歷史跟薩沃亞王室有著密切的關聯，因此有「薩沃亞之都」美稱。義大利於1861年統一後，第一個國家級首都就是杜林，之後遷移到翡冷翠，最後至現今的羅馬。

此區以大陸型氣候為主，年雨量低，山脈面積約占四成，知名山脈為「羅莎山」與「大天堂國家公園」，山丘面積約占三成。皮耶蒙特鄰近法國，於薩沃亞王室統治期間跟法國王室有密切的往來，知名的「維納利亞宮」就是當時的國王參訪法國凡爾賽宮之發想，建造出華麗寬敞的王宮，於1997年被聯合國教科文組織列為世界文化遺產。

🍷 關於葡萄酒

在釀酒方面，皮耶蒙特被比喻為「義大利的布根地」，然而，兩區的法定品種與釀造風格是截然不同，但對單一品種的堅持與強調單一葡萄園的地塊特色，卻有異曲同工之妙，部分是因為法國與皮耶蒙特有地鄰之便，早期已有文化方面的交流。皮耶蒙特所產的酒有個巧妙的對比，此區同時擁有義大利醒酒時間最長、難以親近的傳統「巴羅洛紅酒」，與義大利即開即飲、擁有甜姐兒特性的「阿斯蒂（微）氣泡酒」。

內比優柔（Nebbiolo）為皮耶蒙特最為崇尚的品種，像是身材高挑的名模，有著高單寧、高酸度的特性。香氣為紅櫻桃、玫瑰花瓣、李子等氣味，熟成後有菌菇、可可、皮革、瀝青等風味。在存放環境良好的條件下，具有長年的陳放實力，指定用此品種釀出的酒款中，以「酒中之王」——巴羅洛紅酒

上｜當時用了整個下午的時間好好參觀華麗的維納利亞宮。
中｜內比優柔葡萄串。
下｜寧靜巴羅洛鎮上的粉紅小教堂。

Barolo DOCG法定市鎮之地理位置圖

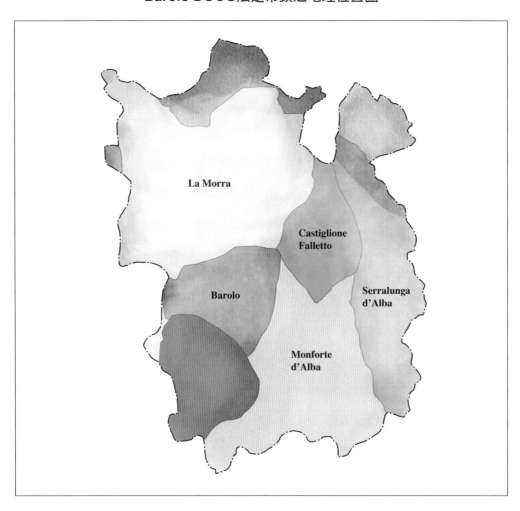

兩款不同酒莊的2012年Barolo DOCG Cannubi。

和「酒中之后」——芭芭芮絲可紅酒最為推崇。

「酒中之王」——巴羅洛紅酒（Barolo DOCG）的法定種植區域為5個主要市鎮：Barolo、La Morra、Castiglione Falletto、Serralunga d'Alba、Monforte d'Alba，還涵蓋其他6個市鎮之部分土地。所以釀造巴羅洛紅酒所使用的內比優柔需從這法定市鎮範圍內的葡萄園而來，種植區域不單單只有在巴羅洛鎮，而是只以此名為代表，最常被探討與在酒標上看到的就是5個主要市鎮。

這5個市鎮可劃分成東西邊來討論其不同的土質，大致而言，西邊的Barolo、La Morra釀造出的巴羅洛紅酒較為優雅、香氣馥郁，單寧稍微圓潤些、適飲期也早一點。東邊的Castiglione Falletto、Serralunga d'Alba、Monforte d'Alba釀出的巴羅洛紅酒之酒體強壯、單寧緊實、具有較長的陳放期，但不管是東西邊，都各有其特色，不失「酒中之王」的風範。

在皮耶蒙特用餐，餐後的消化酒除了義式白蘭地（Grappa），還可選擇一款特殊的Barolo Chinato，這款

上｜用內比優柔渣製成的Grappa。
下｜用巴貝拉紅酒浸泡的Chinato。

消化酒是將金雞納樹皮浸泡在巴羅洛紅酒裡，加上每家酒莊的祕密配方，例如：香草、鳶尾花、胡荽、肉桂和薄荷等。除了用巴羅洛紅酒，也品嘗過浸泡在巴貝拉（Barbera）紅酒的Chinato，不管是單飲一小杯或是搭配50%以上可可的巧克力，都能增添餐桌上的樂趣。

初步了解「酒中之王」後，來介紹另一款重量級的「酒中之后」——芭芭芮絲可紅酒（Barbaresco DOCG），其指定品種一樣是內比優柔，法定種植區域主要為Barbaresco、Neive和Treiso市鎮。以氣候來看，較Barolo DOCG規範區塊來得暖和、乾燥，相對地葡萄成熟期也會較早，釀出的酒單寧會比巴羅洛紅酒低一點、適飲期較早一些、陳放實力也會短一點。然而，芭芭芮絲可紅酒特色在於香氣馥郁、單寧較柔順，這也是稱其為「后」而不是「王」之因。

以上是「酒中之王」與「酒中之后」的概論，兩款表現因近期釀造技術的精進和使用新法國橡木桶熟成而有所改變，或是因為不同單一葡萄園所種植出的葡萄品質等因素，所以有時也是會遇到芭芭芮絲可紅酒的表現大於巴羅洛紅酒。

在國際或是國內市場上，皮耶蒙特的酒主要出產於南部，然而，北部

Barbaresco DOCG法定市鎮之地理位置圖

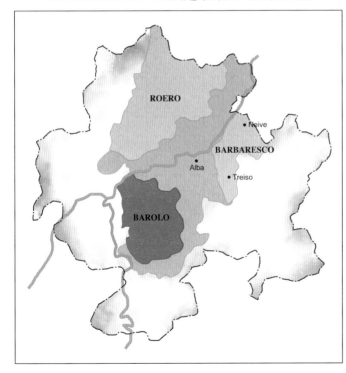

上、下｜品飲名莊釀造的Barbaresco DOCG。

所出產的酒也漸漸撥雲見日成為葡萄酒愛好者追尋的酒款。位於北部維契立省有「小酒王」——Gattinara DOCG和「小酒后」——Ghemme DOCG，兩區有薩西亞河相隔。主要使用內比優柔品種，但當地稱之為史芭娜（Spanna），可混少比例的指定當地葡萄品種釀造。因這裡的溫度較南部涼爽，使其酒體較為清瘦、單寧較粗獷些，且土質為含鐵、鈣、鎂等成分的冰漬土壤，讓酒帶有礦物風味。在參訪卡堤納拉鎮的過程中，體會到此區酒的美麗與潛力，了解當地農民釀酒師對其特色與品質的堅持。

在追尋皮耶蒙特之路的我，無意間發現彷彿桃花源的小產地，這處也是以種植內比優柔為主，目前只有3家小酒莊，幸好有新一代的年輕人的接手得以傳承。

走出「王者風範」，進入當地的生活飲酒，一定會聽到巴貝拉，可別跟女性名字芭芭拉（Barbra）搞混。此品種是皮耶蒙特餐桌上常見的酒，

左上｜卡堤納拉鎮。　左下｜從葡萄園遠眺阿爾卑斯山，像是置身人間天堂。　右｜品飲2013年的Gattinara DOCG。

果香豐富、酸度明亮、單寧不高，而這親民的品種在特殊區塊與橡木桶內熟成後，也有酒體飽滿與層次豐富的版本。

指定用巴貝拉品種釀造出的法定酒款有好幾個，其中最知名就是Barbera d'Asti DOCG，其他常見的有Barbera del Monferrato DOC和Barbera d'Alba DOC等。在2014年有新的法定等級──Nizza DOCG，必須使用百分之百的巴貝拉品種，且葡萄須來自以「Nizza」為核心的法定區塊等規範，陳年等級的Nizza DOCG之酒體與表現有時可以跟大區的巴羅洛紅酒一較高下。

另一個貼近皮耶蒙特生活的酒是用多伽朵（Dolcetto）釀造，「Dolce」在義大利語中雖有「甜」之意，但其法定酒款卻是不甜的紅酒。多伽朵跟巴貝拉有著互補的特性，用此釀成的法定酒款有平易近人的Dolcetto d'Asti DOC或Dolcetto d'Alba DOC等，也有酒體飽滿與層次豐富版本的Dogliani DOCG、Diano d'Alba DOCG等。

上｜2013年還是依照原本的法定名稱Barbera d'Asti Superiore Nizza DOCG，於2014年分開始為Nizza DOCG。
下｜1973年的多伽朵紅酒。

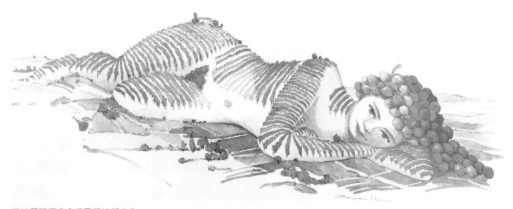

當地葡萄酒公會將巴貝拉擬人化。

說到真有帶甜的法定酒款，非甜姐兒阿斯蒂（微）氣泡酒（Moscato d'Asti DOCG / Asti DOCG）莫屬。此法定酒款規範的位置在皮耶蒙特的東南方，使用古老品種白莫絲卡朵（Moscato Bianco）釀造，尤其以卡內禮村有最早的相關記載和優良的品質。此酒因口感香甜、酒精濃度低與價格親民而聞名全世界。

義大利人對甜酒絕不馬虎，除了「甜姐兒」，還藏匿特殊、量少的Acqui DOCG。此酒在早期曾受到貴族們的熱愛，多虧「義大利即興喜劇」中的角色「Gianduja」在台上大為稱讚此酒的美好，身邊喜歡甜酒的人在品嘗後亦覺得有美妙滋味，因此大受歡迎而廣為人知。順道一提，皮耶蒙特的特產榛果巧克力就是以角色「Gianduja」來命名。

接下來介紹的是皮耶蒙特的特殊在地紅葡萄品種，一為格里麗諾（Grignolino），此品種特性為皮薄、籽多，釀出的紅酒讓人聯想到法國的薄酒萊紅酒，因有「義大利薄酒萊」別稱，其法定酒款有Grignolino d'Asti DOC和Grignolino del Monferrato Casalese DOC。

左｜參訪卡內禮村的酒莊，幸運喝到以香檳釀造法釀成的莫絲卡朵氣泡酒。
中上｜餐後少不了莫絲卡朵渣製成的Grappa和小甜點。　右上｜皮耶蒙特的美味榛果，不禁一口接著一口。
右下｜由左至右的酒款品種為格里麗諾、多伽朵和巴貝拉。

露凱（Ruché / Ruchè）為皮耶蒙特的稀有品種之一，更是義大利產量最少的品種之一，如此小而少的事實卻不減其重要的地位。其法定酒款為 Ruché / Ruchè di Castagnole Monferrato DOCG，有著迷人的芳香氣味、單寧不高、口感柔順，雖然沒有較長的陳放實力，卻是一款讓人想把握當下的酒款。

當然，皮耶蒙特的白酒是不可忽視，最早外銷到國外的就是 Gavi DOCG，此酒使用品種為寇特榭（Cortese），於17世紀就有此品種的歷史記載。此酒調性為不甜，帶有檸檬、柑橘與礦物風味，適合搭配海鮮料理。另一款產量較少的白酒是 Roero Arneis DOCG，因為此品種的葡萄成熟期不定，讓農民傷透腦筋，也差點瀕臨絕種，所以雅內絲（Arneis）有「小淘氣」或「小惡棍」之意。但對於具有在地意義的品種，用心的農民不會輕言放棄，所以現今才有其法定酒款加以保護。

皮耶蒙特比較特殊的白酒為 Erbaluce di Caluso DOCG，產於皮耶蒙特北部，是款帶有青草、青蘋果風味與明亮酸度的白酒，以卡露索鎮以及周圍葡萄園種出的品質為最具代表性。名氣雖沒有 Gavi DOCG 或 Roero Arneis DOCG 高，但在當地人的餐桌上是不可或缺的好酒，可釀成白酒外，亦有氣泡酒與風乾甜白酒之版本。

讀到這，皮耶蒙特有著內斂的紅酒與奔放的白酒與甜酒，在此可以找到多樣、多元、知名、稀有的葡萄酒款，皮耶蒙特當之無愧成為義大利葡萄酒中最為推崇的經典產區之一。

上｜於2010年才升級為Ruché / Ruchè di Castagnole Monferrato DOCG，在這之前品飲到的還是DOC等級。

中一｜不同單一葡萄園的Gavi DOCG。

中二｜Gavi DOCG很適合搭配Vitello Tonnato，這是用牛犢的肉浸泡白酒做成的冷肉片，鋪上鮪魚（美乃滋或蛋黃醬）。因為小牛的肉質較嫩，處理過程使用白酒、沾醬以鮪魚為主。

下｜為Caluso DOCG風乾甜白酒。

皮耶蒙特產區分布圖

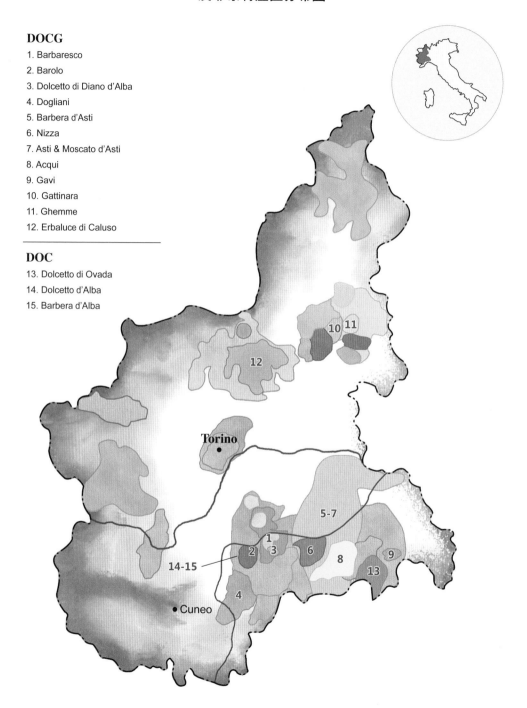

DOCG

1. Barbaresco
2. Barolo
3. Dolcetto di Diano d'Alba
4. Dogliani
5. Barbera d'Asti
6. Nizza
7. Asti & Moscato d'Asti
8. Acqui
9. Gavi
10. Gattinara
11. Ghemme
12. Erbaluce di Caluso

DOC

13. Dolcetto di Ovada
14. Dolcetto d'Alba
15. Barbera d'Alba

Torino

Cuneo

短居義大利的時光，每當想看海，第一個想去的，
就是鋪上閃爍陽光的利古里亞海岸。

第二章

用生命在釀酒：利古里亞（Liguria）

🍷 產區簡介

　　利古里亞大區位在義大利的西北部，這個鄰近法國、緊靠陡峭海岸的小產區，其地形像極了狹長的半月灣，每個海灣有其寧靜之美。地勢多為聳立的高山與綿延的山丘，環抱部分阿爾卑斯山脈與亞平寧山脈，其山谷貫穿山脈。利古里亞特殊、壯觀的山脈與海岸景致吸引來自世界多國的觀光客，這股潮流使其首府亦為海港之都熱那亞、色彩繽紛的五漁村與韋內雷港等

成為爆紅景點，亦被聯合國教科文組織列為世界文化遺產。

如果去過利古里亞的熱門景點，之後可以挑選鄰近的小鎮，因為遊客沒有像熱那亞或五漁村多，就可安靜欣賞壯麗的海景。前往此區的路線較多蜿蜒路況，並不好開，如果參訪時間是旅遊旺季，很容易塞在車陣裡，所以到此之前要先做好功課，才不會花太多時間在交通上。這裡有鄰近海岸的民宿，曾住過將近80年歷史的「Villa Domus」，其位置就能觀賞到蔚藍天空與海岸，翌日早餐也相當豐盛。曾在《ELLE TAIWAN》網站上發表相關文章：〈眼中之海：利古里亞VILLA DOMUS since 1938〉，記錄當下的心情。

利古里亞有「義大利海岸線」之美稱，因圍繞地中海，有著溫和的氣候，適合葡萄與橄欖樹的種植，最主要的葡萄種植區在南部沿岸，北部受到山脈影響為大陸型氣候。利古

上｜民宿管家準備的豐盛早餐。
下｜利古里亞有壯麗的海景，還有滿足胃的新鮮海產。

避開熱門景點依然能看到無敵的海景。

里亞所產的酒是以白酒為主，常搭配當地的特色料理，如海鮮、青醬、草本、海鮮、菇類、核桃等，所以這裡也是探索美食的好去處。

🍷 關於葡萄酒

利古里亞因陡峭狹長的地勢，加上狹窄的梯田式葡萄園銜接著岩石海岸，使葡萄農民在栽種和採收上相當艱辛，可能一失足就無法想像接下來會發生什麼事，所以此區的酒莊都是用生命在釀酒。因種植面積不大，總產量較鄰近產區少，國際上的能見度也不高，所以來到此區一定要好好貪杯一下，認識當地酒款的風格。

此區代表性的紅酒款為Dolceacqua DOC，這裡的酒莊小而巧，葡萄園坡度陡且窄，釀酒廠位在「甜水鎮」裡，形成一種特殊的釀酒文化。使用品種為羅瑟榭（Rossese），單寧

上左｜品飲Dolceacqua DOC。　上中｜不容易發現的Sciac-trà粉紅酒。　上右｜為Ormeasco di Pornassio DOC。
下左、下中｜用彼佳朵釀造的Riviera Ligure di Ponente DOC。
下右｜用特殊、古老的Moscatello di Taggia品種釀造的Riviera Ligure di Ponente DOC。

不高、酒體柔順，易飲並可搭配生魚以外的海鮮料理，例如，燉魚方式做成的Buridda等，或用此酒搭配兔肉。

另一個代表性紅酒為Ormeasco di Pornassio DOC，「Ormeasco」其實就是皮耶蒙特也有的多伽朵，以波納席歐鎮最為知名，此區用同樣的葡萄品種釀造特殊的粉紅酒稱為「Sciac-trà」。

利古里亞最大的釀酒法定產區，是位於熱那亞西部的Riviera Ligure di Ponente，其中最為推崇阿爾本加鎮的特色品種彼佳朵（Pigato），適合搭配用當地羅勒、橄欖油、松子、大蒜、海鹽與帕米吉安諾・瑞吉安諾熟成乳酪做出的熱那亞青醬義大利麵，傳統使用的麵條是長型扁麵（Trenette）或特飛麵（Troffie），此青醬除了天然的草本香氣，羅勒還帶有微微的海味，香味很難讓人拒絕於嘴外。

Riviera Ligure di Ponente DOC也有用羅瑟樹品種釀成的紅酒，但酒體比Dolceacqua DOC輕盈。靠近熱內亞的法定產地有個相對小的法定酒款為Val Polcèvera DOC。

另一個值得一試的白酒為Colli di

上｜此區名產之一就是青醬，使用的麵條為特飛麵。
中一｜有著可愛圖像的Val Polcèvera DOC。
中二｜用維曼堤諾釀出的Colli di Luni DOC。
下｜五漁村出產之白酒。

Luni DOC，其部分產地橫跨鄰近的托斯卡納，「Luni」為「月亮」之意，因其地理位置靠近月彎形海港而得此名。此法定酒款有產紅酒與白酒，後者以維曼堤諾（Vermentino）所釀造的白酒最為出色，可以簡單搭配此區的佛卡夏麵包，當地稱「Fügassa」，或用鷹嘴豆做成的鹹餅「Farinata di Ceci」。

觀光勝地五漁村也有在地法定酒款Cinque Terre DOC，地名的聲望因觀光比酒款來得高，從葡萄園就可瞭望蔚藍海岸。此款為白酒，主要使用品種為波斯可（Bosco）、亞爾巴羅拉（Albarola）與維曼堤諾，特色為香氣優雅、口感清爽。用相同的葡萄品種釀出的甜酒「Sciacchetrà」，曾被人文主義之父：弗朗切斯科·佩脫拉克和詩人喬凡尼·薄伽丘提及在他們的文學著作之中，可見此酒的歷史地位和其受歡迎之程度。Sciacchetrà甜酒是用風乾葡萄釀造，酒呈現深金黃色澤，隨著時間的熟成會轉成漂亮的琥珀色，有著迷人的蜂蜜、小白花與柑橘的風味。每當要從利古里亞大區前往另個行政區時，都會喝上一杯珍貴的Sciacchetrà甜酒，那香甜的餘韻仿佛跟海洋一般，讓我心中很平靜。

上、中｜得來不易的Sciacchetrà甜酒。
下｜每當品飲利古里亞的酒，腦海中都會浮現在地的美景。

利古里亞產區分布圖

DOC

1. Cinque Terre & Cinque Terre Sciacchetrà
2. Colli di Luni
3. Riviera Ligure di Ponente
4. Dolceacqua
5. Val Polcèvera
6. Ormeasco di Pornassio

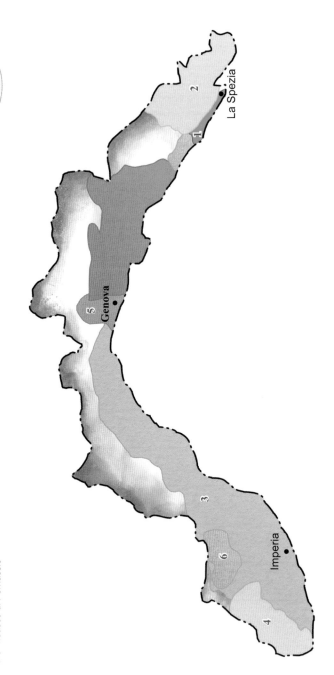

同時擁有純粹、沉醉之感，
是在品飲亞奧斯塔山谷白酒的時刻。

第三章
說法語也會通：亞奧斯塔山谷（Valle d'Aosta）

🍷 產區簡介

　　亞奧斯塔山谷大區為義大利面積最小、人口最少的行政區，靜靜地位於義大利和法國的邊界，以法語稱「Vallée d'Aoste」，這裡的官方語言就是義大利語跟法語，所以此區「說法語也會通」。因語言之便利，有許多法國觀光客到此度假，當然也有來自世界各地的旅客。此區的氣候為典型大陸型氣候，冬季冷冽、夏季涼爽，讓居民和旅者能在壯麗的阿爾卑斯山脈從事

89

健行、滑雪、騎腳踏車、爬山等戶外活動，或是參觀自然的「大天堂國家公園」，據說此公園曾是義大利首位國王的私人打獵之處。

首府跟行政區同名為亞奧斯塔，有著潔淨的羅馬式天主教堂，特別的是古老城牆「Augusta Praetoria Salassorum」幾乎毫無損壞地保存下來，跟另一個必看景點「亞奧斯塔羅馬式歌劇院」相比，後者只遺留南面拱門，很難想像這曾是能容納約4,000名觀眾的露天劇院。走出郊區還有歷史城堡可參觀，有些甚至對外開放讓

遊客體驗夜宿城堡之感。不管是自然景觀或是歷史古蹟，均可見其觀光產業對此區的重要性。

🍷 關於葡萄酒

亞奧斯塔山谷的土壤以沙土、沖積所殘留的黏土和礫石為主，這些土壤承載著葡萄園。此區的葡萄酒並不複雜，只有唯一的Valle d'Aosta DOC，常見釀造的品種為弗門（Fumin）、瑪優樂（Mayolet）、小紅（Petit Rouge）、可爾娜蓮（Cornalin）、小亞爾芬（Petite

上左｜用弗門釀出的Valle d'Aosta DOC紅酒。　上中｜用可爾娜蓮釀出的Valle d'Aosta DOC紅酒。
上右｜用小亞爾芬釀造的Valle d'Aosta DOC白酒。
下左、下中｜同時品飲2015、2016年的Valle d'Aosta DOC Blanc de Morgex et de La Salle，其白酒顏色清澈如融化的雪水。
下右｜此驚喜酒款是用傳統釀造法的2014年分氣泡酒，這款酒就以代表性的「白朗峰」為名。

Arvine）等和國際品種如黑皮諾、夏朵內等。Valle d'Aosta DOC涵蓋7個主要次產區：Arnad-Montjovet、Enfer d'Arvier、Chambave、Donnas、Morgex e La Salle、Nus和Torrette。

正因為這些酒款都在同一把傘下，所以要一眼相中自己想要的酒款就得花些耐心與時間尋找。代表性白酒是靠近白朗峰的Valle d'Aosta DOC Blanc de Morgex et de La Salle，這個名稱很長的法定酒款主要使用品種是白皮伊耶（Prié Blanc），有著細緻的香

氣並帶有微微高山草本清香，適合搭配用在地Fontina DOP乳酪或Fromadzo DOP乳酪。

此產區紅酒的產量比白酒高，有主要以內比優柔品種釀造的Valle d'Aosta DOC Donnas，可以搭配高比例的豬油的Lardo d'Arnad DOP。Valle d'Aosta DOC Torrette則是以小紅品種為重，這可以搭配在地豬肉Jambon de Bosses DOP。

上左、上中、上右｜主要使用「小紅」釀造的Valle d'Aosta DOC Torrette和Nus。
下左、下中｜品飲2010年和2000年的Chambave Muscat。
下右｜品飲2015年特殊、量少的風乾甜酒Valle d'Aosta DOC Chambave Muscat Flétri。

在探索Valle d'Aosta DOC Chambave的過程中，慶幸找到2010年 Valle d'Aosta DOC Chambave的莫絲卡朵，優雅純淨之香氣讓我印象深刻，沒想到酒莊代表還拿出2000年分的讓我品飲，心中感動不已。經過十年的靜態瓶中歷練，香氣與口中的層次感更加豐富。「十年」彷彿一顆時間膠囊，將過往的片段鎖在其中，直到哪天不小心打開了，那一刻跟十年前會有不一樣的感觸，有可能更深、也有可能變淺。

亞奧斯塔山谷產區分布圖

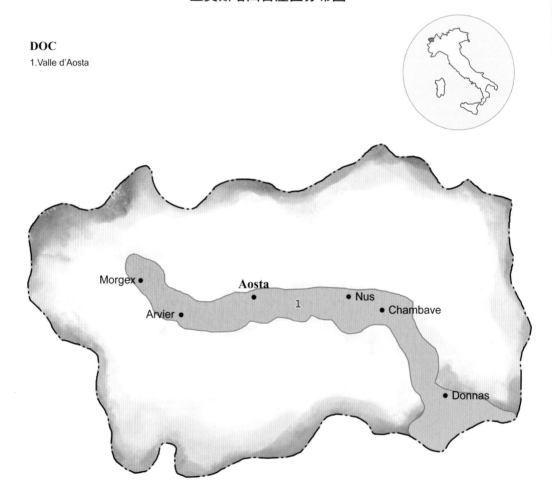

DOC
1.Valle d'Aosta

Morgex

Aosta

1

Nus

Chambave

Arvier

Donnas

為你而來的米蘭大教堂，共度與你最後的晚餐

第四章

時尚藝文美酒：倫巴迪亞（Lombardia）

🍷 產區簡介

　　倫巴迪亞大區，這個集工業、商業、時尚、經濟、藝文於一身的行政區，首府為設計之都米蘭，為義大利步調最快之城市，哥德式「米蘭大教堂」之外觀建築與內部裝飾顯示出米蘭的權力與財富。到訪米蘭時，有幸親眼欣賞由李奧納多·達文西於「天主教恩寵聖母」食堂牆上繪成的〈最後的晚餐〉。

倫巴迪亞值得參訪的城市還有藝術氣息濃厚的貝爾加莫，此城有上下城之分，上城保有貝爾加莫教堂與古老廣場等建築，可俯瞰整個美麗的城市。下城較有現代感，許多餐館與購物中心都集中於此，這個集古老與現代於一身的貝爾加莫，吸引許多觀光遊客來訪。

封為文化之都的曼托瓦，於2017年成為歐洲美食城之一，在這之前已被聯合國教科文組織列為世界文化遺產。這些美稱都源自於此城的中古世紀建築、歌劇創作、精湛手工藝品等。世界級的提琴工藝城市克蕾夢娜孕育出許多音樂家，連《紐約時報》都以〈There's More to Cremona Than Violins〉做報導。這兩城因克勞迪歐‧蒙特威第串起微妙的關係，這位製琴師與作曲家出身於克蕾夢娜，在曼托瓦首演其經典創作〈奧菲歐〉。

上｜此處雖小但卻是熱門景點，〈最後的晚餐〉門票不易取得。

下｜為了維持品質，每次分數人小團體進入，以往的食堂成為寬敞的畫廊，讓後世能欣賞從15世紀流傳與修復過的蛋彩壁畫。

左｜米蘭大教堂內莊嚴雕像。　右｜從上城俯瞰貝爾加莫。

此區氣候因多元的地形而有所不同，大致上以冷涼的大陸型氣候為主，北邊有壯麗的阿爾卑斯山脈、南部有重要的波河，南北間為湖面區域，有科莫湖、伊士歐湖和義國最大的加爾達湖等自然景觀，這些都影響當地農業的氣候與發展條件，若少了這些河流與湖面的調節，這個產區將會是冷冰冰。

🍷 關於葡萄酒

倫巴迪亞最為讚賞的紅酒，就是在北部的瓦爾泰利納，鄰近阿爾卑斯山的亞達河，產區由西至東橫向跨越，主要使用的品種是奇亞維納斯卡（Chiavennasca），也就是內比優柔在當地之稱呼，這裡也是在皮耶蒙特之外，內比優柔有其優質表現的地方。

此產區的葡萄園景致非常特殊，種植在陡坡上，並以梯田式排列，採收時人們必須爬山摘取葡萄串，這樣艱辛的過程使其為聯合國教科文組織保護景點之一。因為量產少，此區法定酒款Valtellina Superiore DOCG是以品質為重的限量山酒，對於喜歡特有酒款的人，這裡就是隱藏紅寶石液體的天堂。由於這裡無法用機器採收，必要時候所動用到的機器就是直升機，因此採收成本相對高，雖然此區在國際上的名聲沒有像皮耶蒙特來得響亮，但在早期就常外銷到鄰近的瑞士。

左｜位於貝爾加莫上城的聖母聖殿。　中｜品飲2010年的Valtellina Superiore DOCG Inferno和Sassella。
右｜當地稱為「沉思酒」的Sforzato di Valtellina DOCG。

Valtellina Superiore DOCG也有知名的「五大」次產地，分別是Grumello、Inferno、Sassella、Valgella、Maroggia，每個次產地都有其特殊的調性，整體而言，酒的酸度較皮耶蒙特的內比優柔低，香氣有顯著的阿爾卑斯山的草本味。此外，有類似威內托大區的亞瑪諾內版本的Sforzato di Valtellina DOCG，使用風乾葡萄釀造，產量比前者更少，亦是珍貴的酒款。

媲美法國香檳的Franciacorta DOCG，是義大利傳統釀造法氣泡酒核心，隸屬布列霞省內，鄰近伊士歐湖沿岸，此酒款跟米蘭為金融、時尚中心有相當的關連。早期有釀造不甜的紅、白酒，後來才轉型傳統釀造法的氣泡酒，主要使用品種為夏朵

上｜Franciacorta葡萄園。
下｜參訪法可利酒莊時，從Dosaggio Zero、Extra Brut、Brut、Rose Brut接連品飲到2006年的Dossaggio Zero、Extra Brut。

左｜法可利酒莊莊主兼釀酒師。　中｜品飲難得一見的1991年Franciacorta不甜白酒。
右｜訪後於當地餐廳點了一瓶2009年法可利酒莊的Franciacorta Dosaggio Zero搭配海鮮拼盤。

內、白皮諾、黑皮諾，須在瓶中熟成至少18個月等規範，才能造就法定Franciacorta DOCG。這裡的土壤有冰河時期於阿爾卑斯山留下來的冰磧土、岩石、礦石等沉積物，在鄰近湖面調節寒冷的氣候下，「礦物風味」是最能代表此區酒款特色之一。這裡也有類似「白中白」香檳釀造法的氣泡酒，稱為「Satèn」，其規定是不能使用黑皮諾品種。

倫巴迪亞最為推崇的白酒之一就是Lugana DOC，使用圖比亞納（Turbiana）釀造，此酒果香豐富、酸度明亮、酒體適中，可搭配當地產的鱒魚與鱸魚。在加爾達湖有粉紅酒稱為Chiaretto，色澤深、酸度好、酒精濃度低。

歐特列波・帕維茲區位於帕維亞省內，在波河南邊，此區有很長的釀酒歷史，但在近期才受到國際矚目，尤以黑皮諾成為焦點。法定酒款Oltrepò Pavese DOC，有紅、白酒跟特殊的「Sangue di Giuda」和「Buttafuoco」，更有質量的傳統釀造法的氣泡酒Oltrepò Pavese Metodo Classico DOCG。歐特列波・帕維茲區靠近米蘭的地緣關係，使其酒需求量較多、較為人熟知。

左｜色澤深、酸度好的粉紅酒。
右｜主要用葛魯佩洛釀造的Riviera del Garda Bresciano DOC紅酒。

左｜品飲用黑皮諾釀造的Oltrepò Pavese DOC。
右｜只用黑皮諾釀造的Oltrepò Pavese Pinot Nero Metodo Classico DOCG Cruasé。

於紐約再次喝到Moscato di Scanzo DOCG，莊主大方分享1970年的Moscato di Scanzo DOCG老酒。

上左｜歐特列波‧帕維茲葡萄園。　上右｜釀造知名黑皮諾的瑪索利諾酒莊。
下左｜來自San Martino della Battaglia DOC的有趣白酒。　下中｜San Colombano DOC。
下右｜有著春天氣息的維德雅白酒。

　　當然，要來說說這裡珍藏的甜酒——Moscato di Scanzo DOCG，此酒的產地以斯堪索洛霞特小鎮為核心，為義大利最小的產區之一，此為風乾甜酒，熟成時間至少2年，讓酒有更多的風味，其特色為深紅寶石色澤、酒體圓潤、香氣濃郁，是款極為特殊的甜酒。

　　倫巴迪亞亦藏匿小而巧的酒款，其中發現一款很有趣的白酒——San Martino della Battaglia DOC，其法定區域橫跨倫巴迪亞與威內托，主要使用品種竟然是弗留蘭諾（Friulano）。此外，品飲跟米蘭省有強烈地緣關係的San Colombano DOC和用特殊品種維德雅（Verdea）釀的Collina del Milansese IGT，這兩款都是在參訪期間的收穫。倫巴迪亞葡萄酒跟其時尚、藝文都有令人讚嘆的深度和廣度，即使舊地重遊，總是有新的發現。

倫巴迪亞產區分布圖

DOCG

1.Franciacorta
2.Valtellina Superiore
3.Sforzato di Valtellina or Sfursat
4.Moscato di Scanzo
5.Oltrepò Pavese Metodo Classico

DOC

6.Oltrepò Pavese
7.Lugana
8.San Colombano
9.San Martino della Battaglia
10.Sangue di Giuda
11.Buttafuoco

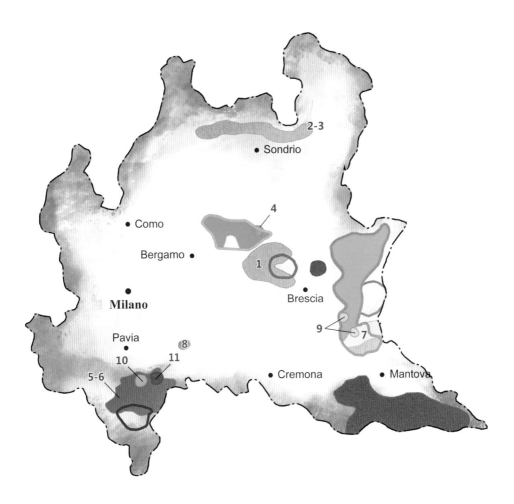

如果有座城市能讓人暫時忘了原本的身分，
盡情地裝扮成心中想成為的角色，
那非威尼斯莫屬。
——《ELLE TAIWAN》〈假面情人：威尼斯〉Serana

第五章
釀酒民藝美學：威內托（Veneto）

🍷 產區簡介

　　威內托、弗留里、特倫汀諾·上亞迪杰，這三個大區均位在義大利東北部，在義大利尚未統一前，這三個區域組成「威尼斯共和國」，但各行政區皆已各自發展其獨特文化，酒的風格也能明顯區分，其中威內托為全義大利最富有、最會賺錢的大區。這讓我想起當年三訪首府威尼斯，發現當地為了增加遊客而興建人工小島，主要用來當停車場，增加觀光巴士可停放的數

量，下車後讓人搭船，在這過程中停車當然要錢、搭船需要付錢、使用公共廁所也要給錢，即使如此，也不減每年來自世界各國的觀光遊客，目前每年約有6,000萬人參訪。

威內托北部冷涼的氣候是受到阿爾卑斯山脈之影響，東南部因海洋調節較溫暖，除了葡萄酒產業，此區農地亦種植大量的蔬果。威內托有豐富的文化歷史背景，當然，早在發展觀光之前，威內托的富裕是來自於歐洲與亞洲間的貿易，從威尼斯更可一探究竟，這個由潟湖與運河形成的「水上之都」絕非只是為了美觀。威尼斯人是天生的生意人、與水打交道的人，貨物由船運輸，為了節省卸貨時間而讓城市周圍有運河能直接卸貨，所以街道狹長是因為無須再由車子運

送，有錢人的家門前就有停靠點。除了葡萄酒產業，他們靠珠寶、蕾絲、玻璃、木頭與陶瓷等的買賣已讓其富裕。

🍷 關於葡萄酒

於1960年代開始，威內托開始將葡萄酒當作「工業」來生產，主要量產便宜、易飲型酒款，最普及的紅酒是Valpolicella DOC，酒無須入木桶熟成，酒體輕盈順口，葡萄可來自此法定區域內的任何一個葡萄園。此區最濃郁的酒款為Recioto della Valpolicella DOCG，主要品種是可維納（Corvina）或可維諾內（Corvinone）、羅迪內拉（Rondinella），並只用成熟度最好的葡萄風乾釀造，使酒有馥郁香甜的風味。

最為推崇的紅酒款就是Amarone della Valpolicella DOCG，簡稱「亞瑪

左｜品飲2014年的Valpolicella DOC。　中｜由公會舉辦的亞瑪諾內紅酒品飲研討會，由資深的專業義大利侍酒師來倒酒。
右｜用亞瑪諾內紅酒為材料之一的義大利麵餃。

101

上｜威尼斯水上公車站之一景。　下｜「水上之都」夜景令人流連忘返。

諾內」，此酒的前身是從甜酒Recioto della Valpolicella DOCG而來，兩個法定酒款的指定葡萄品種是相同的，亞瑪諾內是將葡萄風乾後釀成不甜的紅酒，其酒體渾厚、酒精濃度高，口感上會有些微微甜美之感。這兩款酒從種植到釀造過程費時又費工，現已為釀酒工藝美學之一。亞瑪諾內更是現今威內托大酒之代表，常用來搭配熟成2至3年的帕米吉安諾·瑞吉安諾乳酪。

另一款較為普及的釀酒工藝為「瑞帕索」（Ripasso），這是以前人民「勤儉」的美德，將Valpolicella DOC與亞瑪諾內或Recioto發酵後殘渣之合體，再經第二次發酵後成酒，現今為了提升瑞帕索紅酒的品質與觀感，有酒莊不使用殘渣來釀造。瑞帕索紅酒帶有亞瑪諾內的影子，價格親民又不會高不可攀，進而成為一股風潮，後期有法定酒款Valpolicella Ripasso DOC，普及程度甚至高過亞瑪諾內紅酒。

有個類似亞瑪諾內風格的酒——Piave Malanotte DOCG，主要以拉波索（Raboso）品種釀造。這款酒特別的地方在於其使用少量的風乾葡萄釀造，熟成時間為3年。這樣的釀造與熟成方式造就酒款顏色深、香氣濃郁與豐富的香料風味。如果有時想來杯香氣活潑、酒體輕盈的酒，另一款Bardolino DOC將符合你的需求。

索亞維（Soave）位在威內托南部，於伐波利伽拉東邊，有其法定

左｜品飲2014年的Valpolicella Ripasso DOC。　中上｜品飲多款高品質的索亞維白酒，圖中為索亞維公會之標誌。
中下｜威內托產區的季節性特產之一就是白蘆筍，適合搭配索亞維白酒。　右｜品飲Recioto di Soave DOCG甜酒。

Soave DOC和Soave Superiore DOCG，到了這裡
你會發現著名的城堡佇立於山丘上，主要使用
品種為加爾加內卡（Garganega）。除了釀成不
甜白酒的型態，索亞維有產甜酒Recioto di Soave
DOCG。由於近年對於品質上的精進，已形成一
股「釀酒工藝美學」風潮，顯而易見地在某些酒
廠與酒款之中。

普羅賽可（Prosecco）是義大利國民氣泡
酒，大產區釀造的普羅賽可氣泡酒為Prosecco
DOC，香氣有青蘋果、梨子等，「愉悅」是這
款酒最佳的形容詞，「易飲」是這款酒的最佳動
詞，無須陳年或陳放，是款「及時行樂」的氣泡
酒，喝下去的氣泡有如「慕斯」之感。

當然還有更高等級的Conegliano Valdobbia-
dene Prosecco DOCG和Asolo Prosecco DOCG，前
者亦有各自的DOCG。跟二次瓶中發酵的香檳釀

上｜最為推崇的葡萄園就是「卡爾堤樹」。
下｜普羅賽可適合搭配前菜Baccalà Mante-
cato alla Veneziana。

左｜法朵比亞迭內鎮釀造高品質的普羅賽可，到訪時被其亮麗的山丘所吸引。
右｜就在葡萄園中，品飲帶有「普普風」的年分普羅賽可。

左｜品飲2016年的Lison DOCG Classico。
中｜品飲1982年的Torcolato甜酒。
右上｜讓我驚喜的IGT等級的白酒，其葡萄品種就是Tai。
右下｜品飲2015年的Gambellara Classico DOC。

造法相比，普羅賽可氣泡酒是在大型不銹鋼桶進行第二次發酵，可降低成本與熟成時間，但近期已有酒莊用傳統釀造法或是Zero Dosage、Sur Lie產出特色普羅賽可氣泡酒。喜歡此酒的人，一定要到訪「普羅賽可之路」。

接著要介紹具有歷史性的Serenissima DOC，是2015年新制定的法定酒款，這個酒名無關品種或城鎮名，而是紀念歷史性的「威尼斯共和國」之名而來，此酒是以「傳統釀造法」製成的氣泡酒，可與大量釀造的義大利國民氣泡酒普羅賽可作區別。另一款以歷史城鎮為名的酒是Gambellara DOC。

接著來介紹有趣的酒款──Lison DOCG，其前身為Tocai di Lison DOC，在2010年升等DOCG後，就卸下有爭議性的「Tocai」。而特殊的在地品種還有維斯帕歐拉／羅（Vespaiola／Vespaiolo），為法定酒款Breganze DOC的指定品種之一，其中以Torcolato甜酒最為推崇，這款甜酒全程手工採收，微微受到貴腐菌影響，香氣有豐富的葡萄乾、橘皮、香草、紅茶、堅果、蜂蜜等風味。

威內托的釀酒工藝相當多元且精彩，這區深厚的文化不是三言兩語就能表達，在探索此區的過程中，對我而言總是有新奇的事物，但對在地人來說早為傳承已久的歷史，這樣新舊之間的交流，開啟另一種非語言的對話。

威內托產區分布圖

DOCG

1. Recioto di Soave
2. Soave Superiore
3. Conegliano Valdobbiadene Prosecco
4. Asolo Prosecco
5. Amarone della Valpolicella
6. Recioto della Valpolicella
7. Lison
8. Piave Malanotte

DOC

9. Breganze
10. Valpolicella
11. Valpolicella Ripasso
12. Prosecco
13. Bardolino

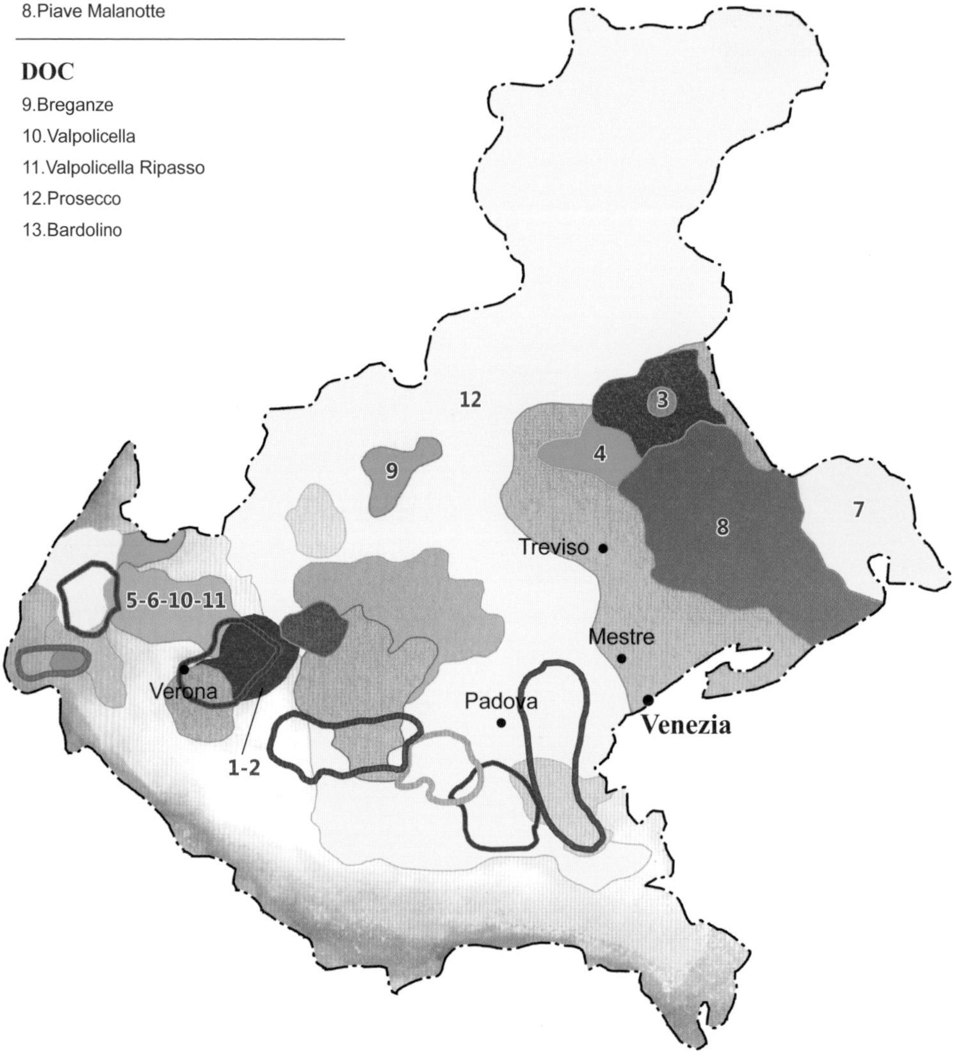

12

9

3

4

8

7

Treviso

5-6-10-11

Mestre

Verona

Padova

Venezia

1-2

闊別多年的重逢，你的溫柔依然帶著堅韌，
即使任性地離去，你的柔情依舊還在。

第六章

典雅柔美之白：弗留里·威內席亞·朱利亞
（Friuli Venezia Giulia）

🍷 產區簡介

　　弗留里·威內席亞·朱利亞，這個
名字很長的大區，其實是兩個不同的行
政區弗留里和威內席亞·朱利亞的合

併，Friuli一名是以羅馬古鎮「Forum
Iulii」而來，這小鎮現今稱為奇維達
列。奇維達列是個讓人很難不喜歡上

的古鎮，於2011年被聯合國教科文組織列為世界遺產，那年到訪此鎮，立即被可以瞭望河景的高橋和石頭砌成的房屋所吸引。

此行政區簡稱弗留里，位在義大利東北部，鄰近奧地利、斯洛維尼亞，這兩個鄰國之釀酒風格顯現於此產區中，反之亦然，弗留里前身曾是奧匈帝國時期最重要的地域範圍。憶起當年與酒友們索性到弗留里與斯洛維尼亞邊境的酒莊參訪，不到一個小時的車程就到達另一個國境，途中恰好遇到斯洛維尼亞團隊在拍攝電影，演員看到路過的我們率性地揮了揮手，抵達目的地後，快速品嘗5個酒款，又開車回到義大利，如此短時間內的空間移動讓我印象深刻。

弗留里從內陸到靠海的氣候，分別為大陸型氣候與半地中海型氣候，加上緯度影響，使白天溫和、夜晚冷涼，這讓葡萄保有好的酸度與糖分，熟成時間長而緩慢，所以此區白酒特色為香氣馥郁、酸度明亮，酒精濃度甚至比一般白酒高，這也是為何弗留里以優質白酒款聞名世界。弗留里的山丘地多以梯田式來種植葡萄藤，其地質以泥灰土、複理岩、砂石土為主，山谷多為陶土、礫石與沙土。靠近亞得里亞海的地塊是富有鐵的紅土，種植出的紅葡萄可釀造出令人驚豔的紅酒。

上｜傳說中當地人請求惡魔建造的橋，如今稱作「惡魔橋」。
中｜斯洛維尼亞釀酒師所釀的入桶夏朵內白酒。
下｜斯洛維尼亞葡萄園景致。

🍷 關於葡萄酒

除了地理氣候之外，弗留里的葡萄酒風格還受到種族文化之影響，因早期多元文化與政治上的改變，當地人對於改變與適應練就一身好功夫，這也顯現於他們的釀酒哲學中，在自身的原則下創新與變通，並保有自我特色。

白葡萄品種中，具在地特色的有弗留蘭諾（Friulano）、黃瑞波拉（Ribolla Gialla）、維杜索（Verduzzo）和普及的灰皮諾、白皮諾、夏朵內、白蘇維濃等，紅葡萄品種裡具在地特色的有彼諾洛（Pignolo）、瑞福斯可（Refosco dal Peduncolo Rosso）、斯裘貝堤諾（Schioppettino）、塔薩蘭格（Tazzelenghe）和國際品種卡本內蘇維濃、卡本內弗朗、梅洛、黑皮諾等。這些品種像是把雞蛋放在同一個籃子，成為法定酒款Friuli Colli Orientali DOC可使用的品種。

上左｜從右至左的酒款分別用弗留蘭諾、黃瑞波拉、白皮諾釀造，最左邊是莊主從酒窖拿出的1988年白皮諾白酒。
上中一｜從右至左的酒款分別用瑞福斯可、彼諾洛釀造的紅酒，容量分別為750毫升與1500毫升。
上中二｜用弗留蘭諾釀的Friuli Colli Orientali DOC白酒。　上右｜酒會中負責Friuli Grave DOC的義大利專業侍酒師。
下左｜用瑞福斯可釀的Friuli Colli Orientali DOC紅酒。　下中｜用斯裘貝堤諾釀的Friuli Colli Orientali DOC紅酒。
下右｜同區的彼諾洛紅酒。

跟Friuli Colli Orientali DOC使用類似的葡萄品種，成為當地人日常酒款，市面上能見度最高的弗留里酒，就是Friuli Grave DOC。因為「Grave」意為「礫石」，這裡的土質就是以礫石為主，帶有沖積土與石灰岩等成分，Friuli Grave DOC是弗留里佔地面積最大的法定酒款。

另一個使用類似多樣葡萄品種的法定酒款為Collio Goriziano DOC，簡稱Collio DOC，這是弗留里的「白酒核心」，此法定酒款特色為酒體圓潤，常使用單一葡萄品種釀造。此外，這裡更產有特殊的「橘酒」，是一款微氧化、刻意延長浸皮與熟成時間的酒，釀產區塊跨出義大利，延伸到斯洛維尼亞。

跟斯洛維尼亞有地緣關係的法定酒款為Carso DOC，此酒指定的品種有許多種，最為特別的是以斯洛維尼亞語取名的古老品種維托夫斯卡（Vitovska）。

以不甜白酒獲得DOCG等級的酒款是有美麗名稱的Rosazzo，此區域取自同名中世紀修道院，此修道院以種植玫瑰聞名，但可別被玫瑰所迷惑，此區釀造的是白酒，以弗留蘭諾、白皮諾、夏朵內、黃瑞波拉混釀而成。此酒和Friuli Colli Orientali DOC的白酒可以搭配在地美味風乾火腿Prosciutto di San Daniele DOP或Prosciutto Crudo Carsolino，還有用洋蔥、馬鈴

上 | 使用黃瑞波拉釀造的橘酒。
中 | 品飲用維托夫斯卡品種釀造的Carso DOC。
下 | 右上方為Prosciutto di San Daniele DOP。

薯、Montasio乳酪等食材做成的道地佳餚「Frico Friulano」，有時會配玉米糕一起食用。

雖然不甜白酒的表現相當亮眼，然而，法定DOCG酒款有頒發給兩個產量稀少的甜白酒——Colli Orientali del Friuli Picolit DOCG和Ramandolo DOCG。前者使用的葡萄品種就是同名彼克利（Picolit），此品種的生長期難以捉摸，同串的葡萄顆粒大小不一，產量通常是種植面積的一半，連採收也相當艱辛，只能用手工方式採收，但釀出的甜酒風味卻相當迷人，這也是我第一個喜歡上的義大利甜白酒。

Ramandolo DOCG的法定範圍是弗留里最古老的葡萄種植區之一，其產量相對地比Colli Orientali del Friuli Picolit DOCG高些，是款優雅、圓潤、甜中帶酸的甜白酒。

2017年受邀參與夢寐以求的品酒盛事——《義大利佳釀》（Vinibuoni d'Italia）所舉辦2018年度選酒之最後品鑑，地點在弗留里古老的「葡萄酒之城」——布堤歐，讓我有機會重溫此區的好酒與深入當地的文化。弗留里的白酒有股柔情、紅酒有種堅韌，值得慢慢去品味葡萄酒的層次、去體驗當地的文化。

上｜Colli Orientali del Friuli Picolit DOCG。
中一｜右彼克利葡萄串。　中二｜Ramandolo DOCG。
下｜意外發現酒標有《最後的晚餐》意象之稀有佳釀，酒莊位於波德諾內省，他們以保存古老特殊品種聞名。

弗留里・威內席亞・朱利亞產區分布圖

DOCG
1.Ramandolo
2.Rosazzo
3.Colli Orientali del Friuli Picolit

DOC
4.Friuli Colli Orientali
5.Carso
6.Collio Goriziano or Collio
7.Friuli Grave

為了心愛的葡萄酒，你願意用什麼跟魔鬼交易？

第七章

品酒中的魔鬼：特倫汀諾·上亞迪杰
（Trentino-Alto Adige）

🍷 產區簡介

　　由字面可發現，特倫汀諾·上亞
迪杰大區是由兩個自治省組成，一為
南方、以特廉托為首府的特倫汀諾；

另一是北方、以保桑諾為首府的上亞
迪杰。記得曾因年度酒展「梅拉諾葡
萄酒節」於冬季到訪保桑諾，冷冽的

空氣讓此地的氛圍與其他城市相比稍顯冷靜，在街道上就可望見遠方的山脈，雖有來來往往的人潮，卻沒有像中義人或南義人會熱情地問暖寒暄。試著跟當地人交談時，他們的義大利語或多或少帶著德語的腔調，甚至直接用德語回答，這是因為此區早期受到日耳曼民族的影響。上亞迪杰區之前為奧地利所有，於第一次世界大戰後割讓給義大利，所以上亞迪杰區有另一個別名稱作「Südtirol」，這些因素使此行政區的官方語言為義大利語與德語。

整體而言，此區以大陸型氣候為主，被部分阿爾卑斯山脈與多洛米蒂山脈隔離，特倫汀諾的地勢較上亞迪杰低緩，兩區的地形多為山谷，使河流較為湍急，指標性的河流為「亞迪杰河」，此種特殊地形是受到冰河時期的板塊運動、河川流向與流速之影響。土壤為排水良好的石灰岩，還有從冰河時期遺留沖積土的沉澱物。葡萄園生長在高度的狹長山谷之中，也使葡萄的栽種相對困難。

🍷 關於葡萄酒

跟葡萄酒相關的電影作品《魔鬼品酒師》正是在此區取景，將當地風光明媚的自然景觀與城鎮韻味穿插在此影片中，電影中推崇在地品種馬樹米諾（Marzemino），這可不是

左｜初訪特倫汀諾‧上亞迪杰大區，被壯觀的多洛米蒂山脈震住。　右上｜此區秋冬盛產栗子，很容易在郊外地上撿到。
右下｜上亞迪杰區的葡萄園，其坡度陡斜，參訪時可要注意安全，也可想像採收時期遇到的困難，好酒真的來之不易。

此主角品種第一次在文藝作品上曝光，早在天才音樂家莫札特的歌劇《唐‧喬凡尼》就亮眼登場過。除了馬榭米諾，這裡必要知道的品種還有諾希歐拉（Nosiola）、特羅德枸（Teroldego）、拉奎恩（Lagrein）等。參訪過此區的我在觀看《魔鬼品酒師》後感觸特別深，是否有一瓶酒能夠改變了一生？愛酒成痴，是否願意跟心中的魔鬼無上限地打交道？

上亞迪杰的酒莊通常為家族傳承的小型酒廠，在當地銷售或賣到德國、奧地利，而特倫汀諾多為葡萄種植者，他們加入當地大型葡萄酒合作社，通常酒的穩定度高，量產較前者

多些，價格也相對較有競爭力。整體而言，此區受到德國釀酒的精神，多為單一葡萄品種釀成的酒，白酒為純淨、酒體清瘦，氣泡酒與紅酒也有其特色在，紅酒的風味多為果香豐富，單寧適中。

特倫汀諾最為出名的氣泡酒，是鮮少人知的Trento DOC，此法定酒款是用香檳釀造法製成的氣泡酒，只能使用夏朵內、白皮諾、黑皮諾和皮諾莫尼耶品種，土壤以石灰岩為主。與名氣跑車同名的法拉利（Cantine Ferrari）氣泡酒就是在此區釀產。Trento DOC氣泡酒的特色為香氣細緻、酸度明亮，帶有礦物風味。

左上｜那一籃看似麵包卻又不像麵包的食物稱為「Schüttelbrot」，是種「硬」麵包，口感像在吃煎餅。
左下｜用令劇中主角迷戀的馬榭米諾品種所釀造的紅酒。　中上｜這是我人生第一次品飲到拉奎恩，地點就是在保桑諾。
中下｜品飲2015年的諾希歐拉白酒。　右｜飯店的小冰箱內放了半瓶裝的Cantine Ferrari氣泡酒，整天路程的疲累跟著泡泡消失。

白酒常用品種為灰皮諾（在《魔鬼品酒師》中男主角幽會片段時的酒款）、白皮諾、白蘇維濃、穆勒·特爾高（Müller-Thurgau）等都可歸在Trentino DOC法定酒款中。其中以穆勒·特爾高所釀的酒有鼠尾草、薄荷、小白花、蘋果等香氣。其起源是由居住在瑞士特爾高州的穆勒先生所接種而成之品種，因此以他的名字與住處命名成「穆勒·特爾高」。從瑞士出發，其蹤跡還遍及德國、捷克、斯洛伐克、匈牙利、奧地利、英國、紐西蘭、澳洲、美國，甚至日本，成為19世紀重要且普及的葡萄品種，目前種植最多的國家為德國。

Trentino DOC也可釀成紅酒，最棒的非Teroldego Rotaliano DOC莫屬，使用特羅德枸品種，此酒顏色深、有豐富的莓果香氣、酒體有架構，其法定種植範圍有排水良好的貧瘠土，河床旁的鵝卵石可以吸收白天的熱能並在晚上釋放，讓夜晚的氣候較溫和，使葡萄有好的成熟度，也使酒有豐富果香與厚實酒體。我於紐約參加首次發表特殊老年分酒的活動，這是一場紀念知名酒評家路易吉·維諾內里的品酒研討會，酒單有讓我驚豔的1977年Barone de Cles 'Maso Scari'酒款，就是用特羅德枸釀造。

左｜品飲2015年的穆勒·特爾高白酒，此酒年分僅釀產1,350瓶。

中上｜用白皮諾釀白酒相當普及，且質量很好，注意看酒標，除了標示「Pinot Bianco」之外，更會使用德語標示「Weiss-burgunder」，也就是白皮諾。

中下｜品飲來自多洛米蒂山脈的特羅德枸品種釀造之紅酒。　右｜1977年Barone de Cles 'Maso Scari'。

左｜格烏茲塔明納向來就是討喜的酒款，難得喝到陳年等級的格烏茲塔明納白酒，酒精濃度高達15.5%。

中｜品飲2014年的席爾凡樂白酒。

右｜首次品飲用格烏茲塔明納和黃莫絲卡朵釀造的風乾甜酒，在橡木桶熟成3年後，再於瓶中熟成10個月，其香氣濃郁、餘韻繚繞。

上亞迪杰區的葡萄酒文化跟奧地利與德國相近，此區也種植品質優良的克爾勒（Kerner）、格烏茲塔明納（Gewürztraminer）、席爾凡樂（Sylvaner / Silvaner）、白皮諾、灰皮諾等。雖然此區白酒的酒體偏輕至中，但其酸度讓酒有較長的陳放實力，某次品飲以修道院釀造的席爾凡樂白酒，雖然已陳放10年以上，其酸度依舊很美。

上亞迪杰還有個重要品種是斯奇亞發（Schiava），是款輕酒體、也是德國代表性品種之一，此區有3個主要的DOC，其中最大為Alto Adige DOC，通常會加上品種名或次產地名。

特倫汀諾・上亞迪杰區酒占有高比例的Grappa，這個全義大利的餐後烈酒源自北義，喝法是加入早晨的咖啡裡，用來禦寒，製作過程使用釀酒後的葡萄渣，經過蒸餾出來的渣釀白蘭地，香氣與口感強烈，是義大利餐後的「消化酒」。

「我感覺那是個探索不盡的世界」、「一場沒有終點的旅程」，這兩句來自《魔鬼品酒師》的台詞讓我感同身受，到訪特倫汀諾・上亞迪杰區，開啟我另一個旅程，也讓我探索不完全部的莊園，義大利酒就是有「學酒無涯」的魅力存在。

特倫汀諾・上亞迪杰產區分布圖

DOC
1.Alto Adige
2.Teroldego Rotaliano
3.Trentino
4.Trento

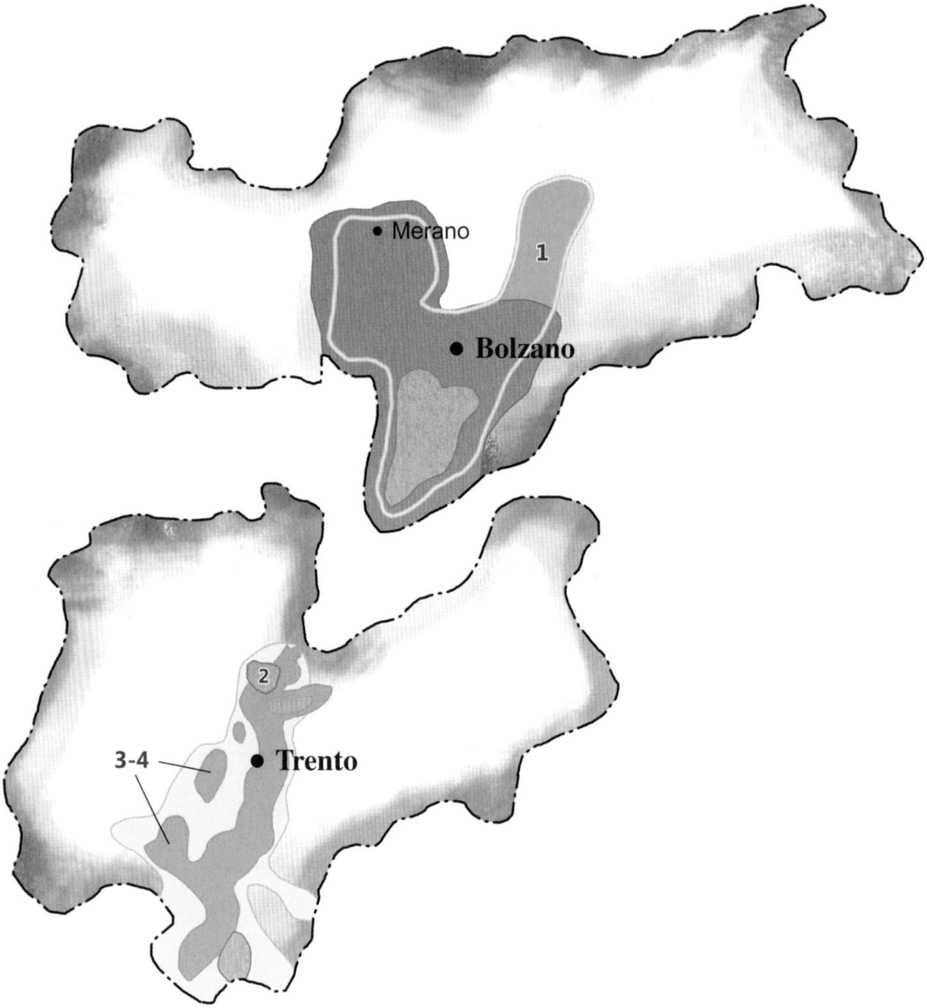

• Merano

1

• **Bolzano**

2

3-4

• **Trento**

熱情的城市因夜晚涼爽的風而變得冷靜與安寧，
城市因不同的時段而給予不一樣的氛圍，
人的心情亦然如此。

第八章
美食佳釀雙城：艾米利亞・羅馬涅
（Emilia-Romagna）

🍷 產區簡介

帥氣的法拉利跑車、波隆納世界插畫大展、傳統巴薩米克醋，這三個看似沒有關聯，卻有個共通點：來自艾米利亞・羅馬涅大區，首府為藝術和學術氣息濃厚的古城波隆納，有著世界上最古老的波隆納大學。當時短居義大

利的我，找個週末和曾在波隆納唸書的朋友一起去參訪這美麗的城市。

艾米利亞·羅馬涅中的蒙地納省以出產傳統巴薩米克醋聞名，卡爾皮鎮則是以手工藝品打響此鎮知名度。記得來到卡爾皮鎮已是晚上，在餐廳戶外座用餐後，夜晚到寧靜的市中心散步，一進廣場，迎面就是昏黃的「卡爾皮教堂」，此建築從開始建造到後方外加的圓頂塔，耗費將近260年的光陰。這裡有許多歷史性的建築，夜晚來觀賞讓氛圍多了穩重感。

艾米利亞·羅馬涅是由兩個省分合併的行政區，北邊多為平原地形，流經的波河在農業發展上佔有重要的角色，土質為肥沃的沖積土。南邊為壯麗的亞平寧山脈，適合發展自然觀光方面等活動。論氣候，艾米利亞的夏季從溫暖到炎熱、冬季氣溫介於涼爽與寒冷間，相對地，靠近亞得里亞海的羅馬涅氣候較為溫和些。

此大區更是美食天堂，除了起頭提及的傳統巴薩米克醋，號稱乳酪之王──帕米吉安諾·瑞吉安諾、經典風乾帕爾馬火腿、千層麵等都來自此區域，美食的聲望看似蓋過葡萄酒，但事實上這個區域是佳餚、美酒並重的雙城。

上｜從不鏽鋼桶取出的巴薩米克醋。
下｜桶中熟成後裝瓶的Aceto Balsamico Tradizionale di Modena DOP。

🍷 產區簡介

提到葡萄酒，最為熟知的品種是朗布斯可（Lambrusco），這品種能在艾米利亞的平地與山丘生長得宜，釀出的酒為「家戶皆喝」的平民酒款，有泡沫般的口感與愉悅的甜度，喝了有讓人放鬆開心之感。此外，還有不甜或傳統釀造氣泡酒之版本，然而銷售量最多的，依舊是帶甜的微氣泡型態。朗布斯可酒目前有專屬的「五大」，為以下5個法定DOC酒款：Lambrusco Salamino di Santa Croce DOC、Lambrusco di Sorbara DOC、Lambrusco Grasparossa di Castelvetro DOC、Lambrusco Reggiano DOC、Lambrusco di Modena DOC。

這五大朗布斯可的法定酒款中，Lambrusco Salamino di Santa Croce DOC 的葡萄顆粒小而緊密，其圓錐狀與義大利臘腸（Salami）的形狀相似而取此名。Lambrusco di Sorbara DOC風味較為優雅、酸度偏高，以不甜的氣泡酒和微氣泡型態為主。Lambrusco Grasparossa di Castelvetro DOC酒款特色為酒體圓厚、香氣馥郁。Lambrusco Reggiano DOC產量最大、外銷最多。Lambrusco di Modena雖然最晚升等「五大」DOC，但種植與釀酒歷史已超過一個世紀，也是款普及的朗布斯可酒。

上｜「Via Emilia」為羅馬人開墾的古道路，成為艾米利亞・羅馬涅大區的表徵。

中上｜朗布斯可公會之官方酒杯。

中下｜當地人的日常就是用清爽的朗布斯可酒搭配炸麵包（Gnocco Fritto）裹薄肉片。

下｜朗布斯可葡萄串。

左上｜品飲2013年Romagna Sangiovese DOC Superiore。
左下｜品飲Colli Bolognesi Classico Pignoletto DOCG，附上小冊子介紹品種與酒款。
中｜品飲2012和2008年Romagna Albana DOCG。請注意2011年開始從舊名Albana di Romagna DOCG改為Romagna Albana DOCG，所以2008年為舊名，2011年起是以新名來稱。
右｜品飲Gutturnio DOC Superiore。

　　羅馬涅多山丘地勢，代表性的葡萄品種為有「羅馬涅之王」美稱的山吉歐維榭，與托斯卡納的山吉歐維榭相較，酸度較低、單寧偏柔，常搭配肉腸、鴨胸或可簡單搭配不容易製成的Fossa羊乳酪。於歷史記載山吉歐維榭早期稱為「Sanzves」，意為「直率且開放」，好比當地人之個性呈現，更是餐桌上不可或缺的日常酒款。

　　Romagna Sangiovese DOC Superiore，是用山吉歐維榭釀造出果香豐富、酒體中等到渾厚、具有陳放實力的紅酒。如果葡萄來自更優質的區塊，可釀出層次豐富的陳年酒款，建議搭配高級美味的「Culatello di Zibello」。這裡釀產的山吉歐維榭，為多次拿下奧斯卡金像獎的費里尼導演的喜愛酒款之一，他曾用葡萄酒比喻電影：「一瓶好酒如同一部好電影，呈現只有短暫的時間，卻在口中留下醇美的味道。」

　　白酒方面，Romagna Albana DOCG是此區首個升等DOCG的白酒，其釀造型態不只一種，不甜版本常搭

左、中｜品飲Ravenna Rosso IGP。每當品飲這區的酒都會想來點當地的小鹹點。
右｜釀造Ravenna IGP的品種很多，其中最知名的就是意為「知名」的特殊品種「Famoso」。

配Tortellini小麵餃。有個來自鄰近波隆納山丘地區的白酒，於2014年更名為Colli Bolognesi Pignoletto DOCG，為保護的品種皮諾雷多（Pignoletto），首次記載是在古羅馬博物學家老普林尼的書中。

其他DOC酒款有2010年從Colli Piacentini DOC獨立出來的Gutturnio DOC等，多數混釀的酒款則歸類於Ravenna IGP。艾米利亞‧羅馬涅有個名詞為「Fellinesque Romagna」，意味「食物與生活各方面緊緊相連的地方」，在經過上面的葡萄酒介紹就能知道，這裡可不是葡萄酒的沙漠！不同風味的朗布斯可酒、山吉歐維樹紅酒和代表性白酒等，只要搭配得宜，就是簡單的幸福味蕾。

艾米利亞・羅馬涅產區分布圖

Rimini

Bologna

Modena

Reggio Emilia

Parma

Piacenza

我人生在義大利的第一杯葡萄酒
就是在翡冷翠市中心靠近老橋的咖啡小酒館，
老闆熱情地倒了一杯接近八分滿的奇揚地紅酒。

COSIMO MEDICI

AMORE DELLE
LETTERE

第九章

酒紅文藝復興：托斯卡納（Toscana）

🍷 產區簡介

　　托斯卡納大區，英譯為托斯卡尼（Tuscany），是我第二個家鄉，為義大利中部最知名的葡萄酒產區，更是國際級觀光勝地。托斯卡納以「美都之城」翡冷翠為首府，英譯為佛羅倫斯（Florence），此城市為14世紀「文藝復興」之發源地，亦是啟發我葡萄酒人生之發想處。城市街景彷彿是開放式的博物館，收集許多國寶級藝術家之經典作品，其中跟葡萄酒有關聯

的為義大利畫家卡拉瓦喬之大作〈酒神〉，這幅畫就被收藏在前身為梅帝奇家族的辦公室——烏菲茲美術館，而翡冷翠在權威性的梅帝奇家族統領下，成為文藝、政治、經濟重城，就連葡萄酒發展也有其重要的影響力。

你可以輕鬆地在翡冷翠市中心的咖啡館、餐館、酒吧品嘗到托斯卡納大小產區的葡萄酒，但想要體驗酒莊生活與親眼看到葡萄園，必須將場景從城市轉移到鄉村，不管是自助開車或搭公車，會發現郊區為綿延不絕的山丘，不時看見成叢的橄欖樹、筆挺的柏樹、古老的城堡與石牆砌成的農房等，景致雖美得像一幅畫，但在緩坡與陡坡上下轉彎間，坐久了還是會讓身體吃不消。

卡拉瓦喬之大作〈酒神〉，收藏於烏菲茲美術館，親眼看到時，真想跟酒神喝一杯。

托斯卡納給世人的印象，是有著和煦陽光的地方。的確，整區而言，西部鄰狄里寧海，有著溫暖的地中海型氣候，靠近內陸的亞平寧山脈剛好與北部區隔開，導致全區氣候相當溫和，然而，靠近海岸的年均溫會較內陸的山丘與山脈高些。托斯卡納的葡萄園的土壤具有良好的排水性，常見

左｜翡冷翠市中心的百年咖啡館「Gilli」。義大利咖啡館的特色之一就是有許多酒精飲品。
右｜鄉村的石頭屋亦為托斯卡納特色。

夕陽下的聖母百花大教堂正面。

的土質有由緊實黏土與石灰土等組成的「亞爾巴瑞斯土」和由岩石、片岩黏土等組成的「佳烈斯托土」，當然，還有更細的土質成分。

🍷 關於葡萄酒

托斯卡納雖有不同的次產區所釀造的酒款，法定酒款更是多到讓人眼花撩亂，但絕大部分的紅酒，主要是用山吉歐維榭釀造。如果你能跟酒莊的人談及山吉歐維榭，表示你已開啟與他們之間友誼的一扇門。有「宙斯之血」意義的山吉歐維榭，其原生地分成兩個派別，一是源自托斯卡納，另一來自艾米利亞·羅馬涅的山區。山吉歐維榭這個品種有一些不同生物型（biotype），所以在不同的次產區各有其別稱。

山吉歐維榭是個不易種植的品種，其成熟度如同考驗主廚煎出熟度恰到好處的菲力牛排，很常見在同株葡萄串中發現，有些葡萄已轉紫紅色並達到採收標準，但有些還尚未成熟並帶紫綠色，所以好酒背後總是藏匿著農民、釀酒師看不到的功力。用此品種釀出的酒，有中至高的酸度、單寧、酒精濃度，主要有酸櫻桃、紅色莓果香氣，其代表性產地為奇揚地、傳統奇揚地、蒙塔奇諾和蒙特普洽諾。

這四個產地中，奇揚地之區域範圍是由梅帝奇家族的科西莫三世所界定。19世紀的奇揚地酒可以加入少量的白葡萄品種，包裝上是長頸圓肚瓶身，並用稻草包覆底部，使其能平放且有保護的作用，可說是在運輸上較

左｜用山吉歐維謝釀造的傳統奇揚地紅酒，常搭配簡單好吃的Bruschette。　右｜托斯卡納人是嗜肉的民族。

不易被打破的「草包酒」，亦稱「稻草酒」。此種酒瓶早期除了用來裝酒，也拿來裝橄欖油，現今還是能在翡冷翠或托斯卡納郊區的傳統餐廳看到。

傳統奇揚地和奇揚地都有其DOCG等級酒款，而前者法定範圍主要為翡冷翠與西耶納之間的區塊，當地稱為「金碗」或「金盆」，後者範圍則是延伸出的部分。這兩個法定酒款的差異不僅於區塊上不同，以山吉歐維榭的使用比例而言，傳統奇揚地酒要比奇揚地酒來得高，而法定熟成時間也較長。品質好的奇揚地酒之香氣特色為櫻桃、李子、野生草本、淡淡香料味等，單寧適中、酸度明亮。而品質好的傳統奇揚地

酒則會比前者之香氣更為豐富、酒體架構更有層次，所以千萬不能將這兩款酒混為一談。

傳統奇揚地為了杜絕仿冒酒，會用其公會商標「黑公雞」標示於DOCG等級的酒款上，值得一提的是，此區還有奇揚地橄欖油DOP公會，對申請合格的處女初榨橄欖油頒發「Chianti Classico Olio DOP」認證。另外，針對酒莊之單一葡萄園或酒莊最優質的葡萄釀造的酒，會用比Chianti Classico DOCG更為嚴格的法規檢視，通過方能有「特選」資格，從2014年開始到現在，只有傳統奇揚地酒有「特選」（Gran Selezione）等級。

左｜此攤位是奶奶、媽媽、兒子三代同堂出席酒展活動，小帥哥所穿的T-shirt就是前期傳統奇揚地黑公雞的圖樣。

右｜2017年的大型酒展裝置一定要知道右上角的傳統奇揚地的黑公雞圖樣。

來到托斯卡納，會發現餐桌上少不了奇揚地或是傳統奇揚地紅酒，而正餐後的甜點時刻，除了義式濃縮咖啡，還會有搭配托斯卡納杏仁餅乾的「聖酒」（Vin Santo），聖酒主要使用鐵比亞諾（Trebbiano）與白瑪發西亞（Malvasia Bianca）品種釀造，也有用山吉歐維樹為主釀造成的「Occhio di Pernice」。聖酒桶中熟成之過程相當重要，傳統是用「Caratelli」小型栗木桶，裝瓶時通常使用容量375ml或500ml的酒瓶，因為風味獨特迷人，有柑橘、橙皮、烏臼蜂蜜、堅果等香氣，是個在聚餐時很難有「剩酒」的酒款。

撒上糖霜的托斯卡納杏仁餅乾，搭配一小杯 Occhio di Pernice聖酒。

從翡冷翠往南開車到蒙塔奇諾鎮，在沒有迷路的前提下車程約2個小時，路程中坡度會緩緩變陡，彎道也越來越多，當還在調適生理狀況時，望見古色古香的蒙

從蒙塔奇諾鎮的城堡向外俯瞰之景致。

塔奇諾鎮靜謐地佇立於西耶納省郊區的山丘上，心裡不自覺振奮起來，下車又是活力十足。這個小鎮出產風靡全球的大酒——Brunello di Montalcino DOCG，特色為香氣馥郁、酒體飽滿，酸度和單寧高而平衡、餘韻細長。釀造此酒的山吉歐維榭，葡萄顆粒較奇揚地產區的大，成熟度也較好，不像奇揚地酒可以有少比例混釀其他品種，Brunello di Montalcino DOCG只能用100%山吉歐維榭。

當天品飲的Brunello di Montalcino DOCG佳釀之一。

因圍繞蒙塔奇諾鎮的葡萄園之地理位置偏南，加上有鄰近的亞米亞塔山保護，此火山海拔高度約1,700公尺，曾於30萬年前噴發過，有形之中阻擋來自東南方的冷風，因此跟傳統奇揚地區相比，這裡受到較多日照、氣候更溫熱乾燥，讓其葡萄熟度更佳、顆粒飽滿，就連葡萄皮的顏色也更深，彷彿受到托斯卡納豔陽洗禮下膚色深棕的美人，而此美人的芳名為布魯內諾（Brunello）。

蒙特普洽諾鎮跟蒙塔奇諾鎮之間，如果沒有迷路，僅有約50分鐘的車程，此地所釀的酒早期多被教宗、貴族、詩人飲用，於歷史記載之一為法蘭伽斯可·瑞迪，此位醫生、生物學家兼詩人在17世紀的著作〈酒神於托斯卡納〉中，讚美蒙特普洽諾酒為「葡萄酒的

國王」，而後期的法定酒名稱為Vino Nobile di Montepulciano DOCG。

目前僅有約14,000居民的蒙特普洽諾鎮，跟蒙塔奇諾鎮釀出的酒是兩種截然不同的風格，蒙特普洽諾酒主要使用山吉歐維榭，但可混釀少比例的卡納優柔（Canaiolo）和其他當地紅葡萄品種，酒款特性為香氣優雅，有著中至偏高的酸度、單寧和酒精濃度。

去過翡冷翠的餐酒館，必點的招牌美食是「佛羅倫斯丁骨大牛排」，通常搭配奇揚地或是傳統奇揚地紅酒，然而，更貼近產地之搭配，是用Vino Nobile di Montepulciano DOCG，因為蒙特普洽諾鎮就靠近養育「佛羅倫斯丁骨大牛排」所指定牛種之地。

左｜釀造蒙特普洽諾酒的葡萄串，當地稱之「Prugnolo Gentile」。　中｜準備要入廚房的「佛羅倫斯丁骨大牛排」。
右｜品飲科西嘉島紅酒，右邊用尼耶路丘釀造。

　　以上介紹的這四個指標性產地，除了蒙塔奇諾，山吉歐維榭常和卡納優柔和可洛利諾（Colorino）品種混釀，鄰近薩丁尼亞島的科西嘉島，其代表性的品種為尼耶路丘（Nielluccio），而尼耶路丘就是山吉歐維榭在科西嘉島的別稱。

　　介紹到這裡，要穿插一個代表性的白酒，雖然產量沒有紅酒高，但其重要性卻不因此而受影響，是托斯卡納榮獲首個DOC等級的法定酒款，更是目前托斯卡納唯一有DOCG等級之白酒，就是Vernaccia di San Gimignano DOCG。此白酒出自有「美塔之城」別稱的聖吉米納諾，現已成為必參訪的托斯卡納景點之一。踏入城門，像是回到中古世

喜歡此家餐廳的酒就放在跟石牆結合的櫃子裡。

紀場景，而這裡最出名的酒，就是用維娜奇雅（Vernaccia）釀造，也就是托斯卡納「紅」海中最具歷史代表性的白酒。維娜奇雅的歷史紀錄可追溯自13世紀，但丁在《神曲》中提及此酒。這款酒有金黃色澤、酒體圓潤、迷人花果香氣。下次到訪美塔之城，

上｜從葡萄酒博物館往外望出的景色。　下右、下左｜有「美塔之城」別稱的聖吉米納諾鎮。

左｜卡米尼亞諾鎮郊區景色之一。　右｜品飲Barco Reale di Carmignano DOC。

一定要去城內的葡萄酒博物館，博物館中提供不同酒廠釀造的維娜奇雅白酒，並可瞭望遼闊的自然景致。

使用國際品種釀酒也已成為托斯卡納酒的特色之一，在16世紀，因當時同樣出身於梅帝奇家族的凱薩琳對卡本內蘇維濃品種的喜愛，並帶入卡米尼亞諾鎮，後來成為法定酒款Carmignano DOCG指定品種之一。卡米尼亞諾鎮位於翡冷翠的西偏北方，將近1個小時的車程即可到達，出產的酒除了Carmignano DOCG，還有基本款Barco Reale di Carmignano DOC，「Barco Reale」早期為梅帝奇家族私人打獵之處，離卡米尼亞諾鎮不遠，路況崎嶇，車程約40至50分鐘，使用

葡萄品種和Carmignano DOCG相同，但少了熟成時間的規定，除了紅酒還可釀成粉紅酒的型態。這兩個法定酒款都有深厚的歷史背景，依據文獻可追溯至1,200年前，科西莫三世劃定4個重要的產酒區，其中之一就是卡米尼亞諾，因此成為托斯卡納代表性的歷史酒款之一。

20世紀後半，托斯卡納有新的矚目焦點「超級托斯卡納」酒（Super Tuscan），重要推手是馬利歐・羅凱塔，他致力於用卡本內品種釀出他夢寐以求的好酒。初期實驗階段並沒有釀出預期中的好酒，直到1960年代，因他熟知了葡萄與當地風土的特性，外加技術精進，終於在1968年釀造出

第一個年分的酒，稱為「Sassicaia」。當時因為此區塊與品種沒有在DOC的法規裡，只能歸類在餐酒等級，卻不影響其在國際酒界「超級托斯卡納」之封號。

此創舉不只驚豔國際葡萄酒市場，讓1960到1970年代醞釀此想法與想實現作法的釀酒師們跟進，釀造出他們心目中的「超級托斯卡納」，此現象並引起義大利政府的注意，於是用新擬法規讓這些受到國際好評的「餐酒」歸類到IGT等級。後期的保加力區升等為Bolgheri DOC，身為先鋒的聖葵多酒莊更破先例有Bolgheri Sassicaia DOC，是義大利酒中首次將酒名帶入法定酒款裡。

靠近狄里寧海的產地，還有Morellino di Scansano DOCG，這個在葡萄酒市場看似新卻有老靈魂的酒。主要使用品種為山吉歐維榭，別稱為莫瑞利諾（Morellino），因此品種的葡萄顆粒小，成熟時呈深紫色。最常用來混釀的品種為亞力岡特（Alicante），酒款特色為有紅櫻桃、小紅莓等香氣，熟成時間較久的酒則有香料、杉木、皮革等氣味，酸度中等，單寧與酒精濃度為中偏高。其他靠海的佳釀還有Suvereto DOCG、Montecucco Sangiovese DOCG等。

上、中一｜「超級托斯卡納」酒中，也有強調使用100％山吉歐維榭釀造的酒款，「Fontalloro」就是代表之一。曾在酒莊品飲到1990年分，並在闊別多年後，參加於紐約舉辦紀念知名酒評家路易吉‧維洛內里收藏特殊老年分的品酒研討會中喝到1985年分。

中二、下｜卡本內和梅洛為保加力區推崇之品種。

上｜靠海的托斯卡納。
下｜巧遇位於翡冷翠「領主廣場」的行動裝置
　　藝術「尋找烏托邦」，為比利時藝術家Jan
　　Fabre先生之大作。

　　最後當然以甜酒做收尾，近看托斯卡納地理圖，在狄里寧海有個很小的外島稱為艾爾巴，是拿破崙曾被放逐的地方，他也因地緣關係喜歡這島上的酒。艾爾巴島釀造多樣型態的酒款，其中以風乾甜酒最為知名，後期成為法定Aleatico Passito dell'Elba DOCG，主要使用亞雷亞堤可（Aleatico）品種釀造。用此品種釀的紅酒是當地人做特色糕點「醉醺醺蛋糕」（Schiaccia Briaca）必用的材料之一，而此甜點就是搭配此甜紅酒的最佳夥伴。

　　托斯卡納產有傳統與名貴酒款，主要以山吉歐維樹和其不同生物型釀造，加上次產區的微氣候、土質差異、海拔高度、釀酒師哲學等因素，造就其不同的風格，讓托斯卡納酒具有多樣的風貌。當然在托斯卡納值得探訪的景點不勝枚舉，即使短居過翡冷翠的我，每次總是找得到未去過的景點去探索美食、美酒與當地的文化。

托斯卡納產區分布圖

DOCG

1.Brunello di Montalcino
2.Carmignano
3.Chianti
4.Chianti Classico
5.Vernaccia di San Gimignano
6.Vino Nobile di Montepulciano
7.Morellino di Scansano
8.Elba Aleatico Passito
9.Montecucco Sangiovese
10.Suvereto

DOC

11.Barco Reale di Carmignano
12.Vin Santo del Chianti
13.Vin Santo del Chianti Classico
14.Bolgheri & Bolgheri Sassicaia

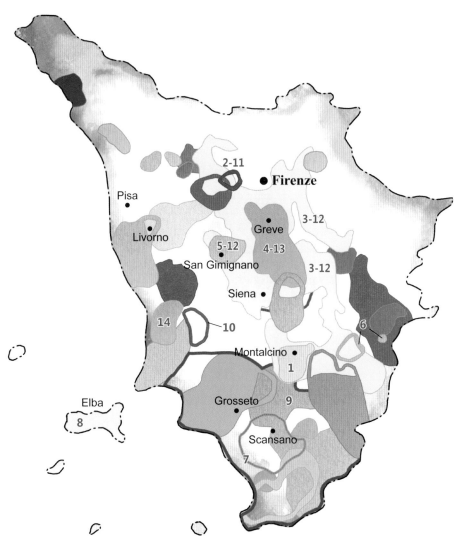

那份端莊與優雅，像是你給的溫柔。

第十章

義國綠色心臟：溫布里亞（Umbria）

🍷 產區簡介

　　溫布里亞大區的地理位置如同我們的南投縣一般，完全不靠海，地形以亞平寧山脈、山谷、盆地為主，羅馬城重要的泰伯河也流經溫布里亞，成為此區生活上不可或缺的水源。這裡有中古世紀遺留下的古城建築，像是首府佩魯賈、宗教重鎮阿西西，還有世界最宜居城鎮之一的托迪等。

　　佩魯賈吸引我之處，除了有可以用雙眼欣賞的歷史古蹟、透過味蕾撫

慰人心的巧克力，同時還有聞名海外的大品牌，或是手工藝術的巧克力個人工作坊。佩魯賈市中心有通往地下道的階梯，並在轉角處擺設裝置藝術作品，因此，在溫布里亞的首府，不僅可以欣賞地面上的歷史建築，亦可體驗地下街道的氛圍，只有在此時此空間才能自在穿梭於這兩個平行世界。

因研讀泰伯河的相關資訊而到托迪旅遊，這個悠悠小鎮有著安穩的氛圍，在希臘神話故事中流傳著托迪是由大力士海克力斯所創建。「托迪」之意為「邊境」，早期為伊特魯斯坎管轄區之邊境地帶，直到西元217年才由古羅馬人統治。這裡有座類似堡壘的建築，竟是西元7世紀就存在的「聖福都納教堂」，並於13世紀重建時增添了新哥德式風格。而市區有條專屬通往此教堂的「聖福都納街」，「福都納」為「幸運」之意，能親自到訪托迪是個幸運的開始。

上、下｜來到佩魯賈一定要去訪問手工巧克力專賣店，有些店提供製作巧克力之體驗，但要記得預約。

左｜進入托迪鎮中心前，會先經過文藝復興建築「聖母神慰堂」。
右｜幸運地找到聖福都納教堂。

🍷 關於葡萄酒

　　溫布里亞有較多的日照，葡萄熟成度好，使酒喝起來圓潤飽滿。另一個重要的影響則來自土壤，這裡的地質以緊實的黏土為主，更在歐維耶托發現了特殊的火山土壤，當地稱「白火山土」，此特殊的火山土壤增添酒的風味，使歐維耶托的白酒深受當地人喜愛。雖然這裡沒有靠海，但依然受到地中海型氣候影響，此區氣候跟托斯卡納相似，靠近塔西曼諾湖的山丘有專屬法定酒款——Colli del Trasimeno DOC，這款酒的指定葡萄品種非常多元，也可釀成白酒、粉紅酒或紅酒，其中紅酒常用加美品種釀造，跟用同樣品種釀造的薄酒萊紅酒，兩款是截然不同的調性。

　　Orvieto DOC是當地人的經濟來源，因為這是溫布里亞出口最多的葡萄酒，這款酒常出現在教宗的餐桌上，法定使用品種為葵伽朵（Grechetto）、波坎尼可（Procanico）和少比例地使用其他指定品種。近幾年政府極力推廣溫布里亞的觀光，亦使Orvieto DOC酒款受到更多國外的矚目。

上｜品嘗用加美釀造的Colli del Trasimeno DOC，其深紫色澤很難跟熟知的薄酒萊的加美做聯想。
中｜溫布里亞也是產黑松露之產地。
下｜具有在地特色料理的Penne alla Norcina。

　　此區重要的DOCG法定酒款是以薩廣堤諾（Sagrantino）為主的Montefalco Sagrantino DOCG，這是一款像拳擊手般有著厚實強壯的身軀、具有長年陳放實力的紅酒。另一款知名的溫布里亞紅酒就是Torgiano Rosso Riserva DOCG，產地坐落在鄰近佩魯賈的山丘，主要使用山吉歐維樹釀造。

上｜品飲2009年的Montefalco Sagrantino DOCG。
下｜若真要大幅降低Montefalco Sagrantino DOCG強壯的單寧感，就像這樣入料理吧。吃過用巴羅洛紅酒、亞瑪諾內紅酒做的燉飯，讓使用高檔紅酒入料理又多了一筆紀錄。

溫布里亞是個溫馨之地，卻有著全義大利單寧最厚實的酒款，就如同我所遇到的溫布里亞人溫柔中帶有堅韌的個性，每次到訪都留下了深刻的印象。

溫布里亞產區分布圖

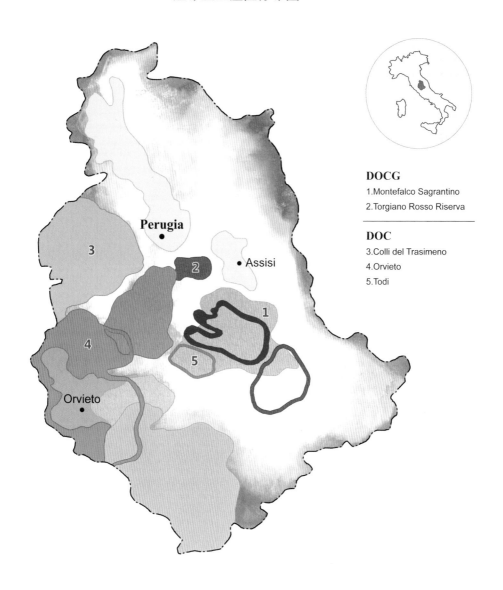

DOCG
1.Montefalco Sagrantino
2.Torgiano Rosso Riserva

DOC
3.Colli del Trasimeno
4.Orvieto
5.Todi

記得那時搭白箭高速列車穿過波隆納與瑞米尼，
直入靠海的安科納車站，
4個小時多的車程，
窗外景色從翠綠黃的平原換成灰藍色的海洋，
一出安科納車站，
首先迎接我的是冷涼的海風與熱情的陽光。

第十一章
利瑪竇之酒鄉：馬爾凱（Le Marche）

🍷 產區簡介

　　跟托斯卡納相鄰的馬爾凱大區，其首府為安科納。馬爾凱有中古世紀遺留下的山城小鎮，景色類似托斯卡納鄉間地帶。和托斯卡納相同，均位於義大利中部，而馬爾凱東鄰亞得里亞海岸，受到海洋調節，有著地中海型氣候，內陸靠亞平寧山脈，有河流調節，地形以丘陵地為主。此處的小鎮幾乎位在丘頂，其中位居海拔最高、有全義大利最窄巷子的是瑞帕塔斯歐內鎮，其巷窄可媲美彰化鹿港的摸乳巷，但這

裡的觀光沒有像鹿港這麼盛行，反而多了寧靜與愜意，穿梭巷弄時還可以看見一些房屋出售的布告牌，連在地生活不可或缺的咖啡館也有轉讓或是停止營業的打算，觀光與在地發展間之平衡與拉鋸，著實叫人難以拿捏。

馬爾凱的皮革工業跟托斯卡納一樣重要，義大利經典品牌TOD'S工廠就隱居在此。前往神聖的羅雷托鎮，其「聖殿教堂」外觀深深吸引我的目光，傳說是全義大利唯一有「黑面」的聖母瑪麗亞像，相傳為聖母瑪麗亞曾居住之處。山城小鎮中，還有另一個重要目的地，就是馬切拉塔城，因為這裡有中古世紀建築的馬切拉塔大學與學院，在這裡終於可以看到年輕人的身影，除了學術氛圍之外，因為馬切拉塔有一年一度的歌劇音樂節「Sferisterio Opera Festival」，亦充滿了音樂氣息。這座城市的咖啡館與餐館的咖啡大多數都是使用1925年成立的Romcaffè品牌。

🍷 關於葡萄酒

如果說出生於馬切拉塔的神父兼傳教士利瑪竇是西方人中研究中國典籍的第一人，那我們應該是引進馬爾凱葡萄酒到台灣的先鋒，這樣時空與地理的交流竟是如此的有趣。而欣賞了迷人的自然景觀與山城美景，那麼當地人餐桌上的風景會是什麼樣貌？

深入當地家庭式餐館，Falerio DOC的「點閱率」是最頻繁的，主要用鐵比亞諾、帕賽琳娜（Passerina）

左｜義大利最窄的巷子，一次只能一個人通過。　中｜羅雷托鎮的聖殿教堂。　右｜歌劇音樂節所在之地。

143

和佩可利諾（Pecorino）做混釀，香氣清新、口感清爽，是搭配前菜或開胃菜之平易近人酒款。而馬爾凱代表性之古老白酒款為Verdicchio dei Castelli di Jesi DOC，傳統核心地帶以耶西鎮取名，因外圍建有堡壘保護，所以稱其耶西堡壘，主要品種為菲帝丘（Verdicchio）。此區土質為鈣質土、黏土與石灰岩為主，使酒帶有柑橘、青蘋果與微微的草本香氣與礦物風味，另外還有Verdicchio dei Castelli di Jesi Riserva為DOCG等級。另一個釀造出色菲帝丘白酒的法定產區為Verdicchio di Matelica DOC，知名度雖然沒有前者高，但卻有其獨特風格，此外還有Verdicchio di Matelica Riserva為DOCG等級，這兩款用菲帝丘品種釀出的白酒常搭配亞斯可利酥炸橄欖（Olive Ascolane，將絞肉或魚肉塞入橄欖中心後裹麵粉下油鍋炸）。

上｜品飲2016年Verdicchio dei Castelli di Jesi DOC Classico。
下｜品飲2015年Verdicchio di Matelica DOC。

馬爾凱葡萄園景致。

剛剛提及白酒,現在來說說紅酒,先介紹馬爾凱最大的DOC為Rosso Piceno,以亞斯可利‧皮錢諾省的品質最為出色,多數使用蒙特普洽諾和山吉歐維榭釀造,當地人常用此紅酒搭配馬爾凱「Vincisgrassi」,是種類似千層麵的料理。此外還有葡萄園海拔高度較前者更高、以蒙普洽諾為主、規定熟成的時間也較長的Cònero DOCG。第一次吃到Vincigrassi,是在瑞帕塔斯歐內鎮的小酒館,這個家庭餐館總是讓人空肚子進去、飽足走出來,還在此讓不太敢吃兔肉的我二度吃到兔肉(第一次在利古里亞的甜水鎮),這個家庭餐館晚餐時段才供應披薩,主廚就是老闆,親切熱情的老闆娘負責外場,兩人合作無間。另

外,在山城小鎮上的肉舖可以找得到Ciauscolo煙燻肉腸,裡面含有大蒜、茴香和煮過的酒,亦是在地特色美食之一。

馬爾凱有特殊的紅葡萄品種為拉克利馬(Lacrima),有「淚滴」之意,釀造Lacrima di Morro DOC或稱Lacrima di Morro d'Alba DOC,此花香四溢的酒款,倒在杯中像是捧著一束花朵在手中。另一個亦為獨特古老的產酒區,是以黑維娜奇雅品種釀出的氣泡酒為主的Vernaccia di Serrapetrona DOCG。跟當地人提及維娜奇雅,他們會直覺反應是紅葡萄,但其他有種植維娜奇雅品種的產區是白葡萄,如托斯卡納的「美塔之城」Vernaccia di San Gimignano DOCG就是白酒。

左∣品飲Rosso Piceno DOC Superiore。　中、右∣品飲有「四號香水」美稱的Lacrima di Morro d'Alba DOC。

有著美麗城鎮的歐菲達，是當地人放假常去之處，所釀出的葡萄酒型態多樣，紅酒以蒙特普洽諾、白酒以帕賽琳娜和佩可利諾為主。Offida DOCG在馬爾凱亦可搭配品嘗美味的海鮮料理，尤其是用不同魚肉或貝類煮出的海鮮湯，其中以Brodetto all'Anconetana番茄海鮮湯最為知名。記得某次到訪馬爾凱之夜，因為是復活節後一天，有許多餐廳都休息，無意間找到靠海的「水晶海岸」餐廳，菜單上有冷、熱的海鮮料理，還有亞斯可利酥炸橄欖，和朋友們一同喝了帕賽琳娜傳統法氣泡酒開胃與垂直品飲了3個年分的佩可利諾白酒，直到深夜才回民宿，那是個很棒的夜晚。

當時拜訪知名的瑞帕尼山丘酒莊，這是一家合作社型的酒廠，資深釀酒師除了凝聚當地葡萄農民們的力量，也教導他們如何種植出好品質的葡萄。酒莊的葡萄園位於較高海拔之處，參訪酒窖時發現了桶外的藝術，一連串的過程讓我目睹其多元角度的經營與巧思。

左｜Offida DOCG Pecorino搭配亞斯可利酥炸橄欖。　右上｜垂直品飲了2016、2015、2014，3個年分的佩可利諾白酒。
下中｜此酒莊讓當地年輕藝術家在其大型橡木桶外繪畫。
下右｜從此大型橡木桶裝瓶之酒，葡萄園就在義大利最窄巷子之鎮附近。

馬爾凱的自然景色、歷史城鎮、飲食文化皆值得一訪再訪，而葡萄酒之旅的必備條件就是心要強、肝要壯，才能走得遠、喝得久。

馬爾凱產區分布圖

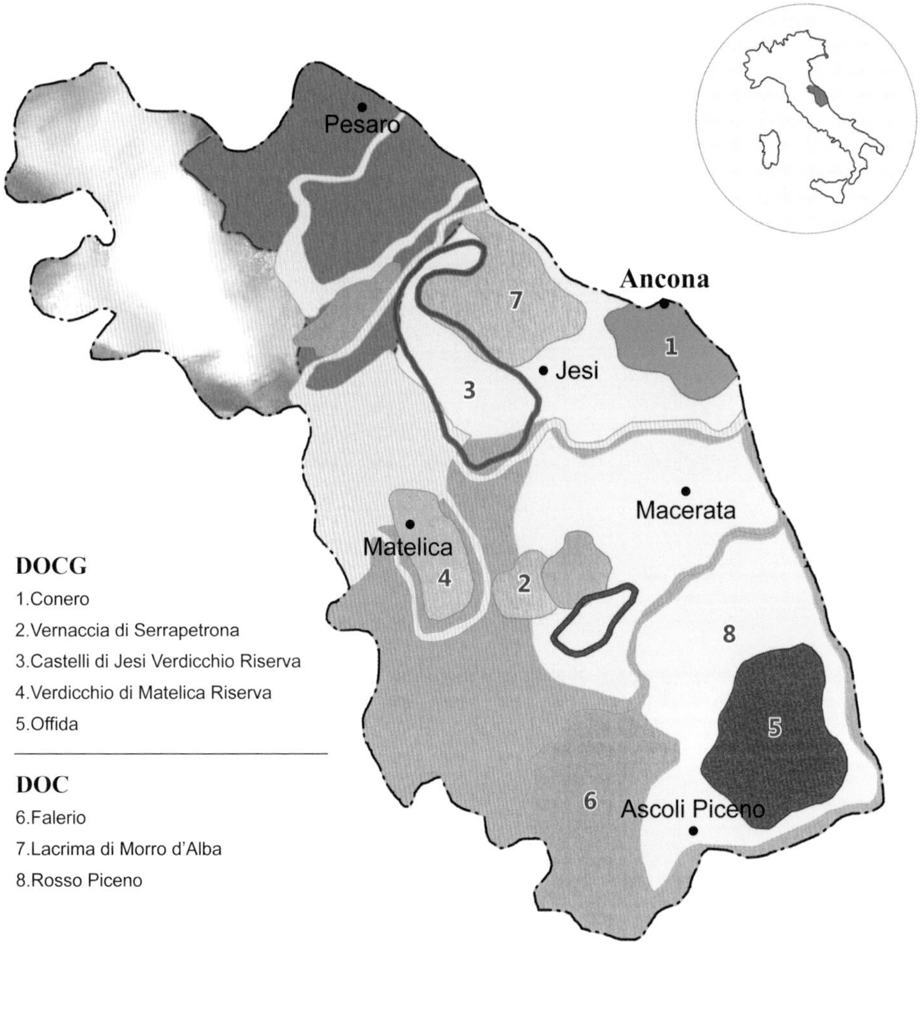

DOCG

1.Conero

2.Vernaccia di Serrapetrona

3.Castelli di Jesi Verdicchio Riserva

4.Verdicchio di Matelica Riserva

5.Offida

DOC

6.Falerio

7.Lacrima di Morro d'Alba

8.Rosso Piceno

Pesaro

Ancona

Jesi

Macerata

Matelica

Ascoli Piceno

遵守約定，我回來了，
你的身軀依舊雄壯，你的存在讓人折服。

第十二章

名酒不見經傳：拉吉歐（Lazio）

🍷 產區簡介

　　當提及拉吉歐大區時，有人可能會挑眉想想是在義大利的哪個地方，當一語道出其首府為羅馬時，馬上有「喔！我知道」的反應，其實義大利某些城市名要比行政區名為大家所熟知，部分原因是旅遊觀光的影響。義大利的首都是從杜林、翡冷翠，最後才遷移到「永恆之城」羅馬，其悠久的歷史烙印在建築、雕刻等藝術面。羅馬競

上左｜《La Lupa Capitolina》羅馬神話中母狼照顧被遺棄於泰伯河的雙胞胎「羅穆拉斯」和「雷穆斯」。

上右｜鄰近羅馬的獨立國梵諦岡，一進入聖彼得大教堂，就被那挑高的空間與莊嚴的氛圍所鎮懾。

下｜看到古羅馬廣場的瞬間，讓人有古今並存的空間感。

左｜三訪羅馬競技場時，外圍多了高壯的銅製雕像「Lapidarium」，這個行動藝術品在羅馬展示後，繼續前往雅典、巴黎、伊斯坦堡、威尼斯再到墨西哥展出。

右｜來到羅馬，一定要去《天使與魔鬼》小說中提及的「全羅馬最好喝的咖啡」——「金杯咖啡」。

技場、四河噴泉、西班牙廣場、萬神殿、真理之口、獨立國「梵諦岡」等，都常出現在電影中，如：經典的《羅馬假期》、《紳士密令》、《神鬼戰士》、《達文西密碼》的前傳：《天使與魔鬼》、《享受吧！一個人的旅行》、《享受吧！羅馬》等。不管是經典劇作、心情小品、歷史教宗、古代戰士等題材，均可在此取景。因此在動身到羅馬前，腦海中已對這個夢幻城市有所想像，抵達時多少都有種置身在電影場景，成為自導自演角色的錯覺。

拉吉歐一名源於拉丁文「Latium」，鄰近狄里寧海，氣候受到海洋調節外，亦受到地中海型氣候和部分副熱帶氣候影響，平原、山丘、峽谷、山脈、火山、河流等使其有多元的地形風貌。羅馬是全義大利人口最多的城市，而泰伯河扮演著生命泉源的地位。但當談及葡萄酒時會發現，這裡是名酒不見經傳，無法像在托斯卡納時，讓人直接說出「奇揚地」或是「布魯內諾」等大眾熟知的酒款。地勢方面，南部有山脈，東部有山丘延伸到北部，此區地質有火山土壤，使土質富有鉀，成酒的礦物風格也因此而來。

🍷 關於葡萄酒

這裡的酒在國際上的能見度不高，以當地日常生活搭餐酒為主，以產量而言，白酒高過於紅酒，Frascati

左｜品飲Frascati DOC白酒搭配青醬
　　Paccheri義大利麵。
中、右｜品飲Est! Est!! Est!!! di Mon-
　　tefiascone DOC的白酒和氣
　　泡酒。

DOC為平易近人的酒款，也是我在羅馬喝到的第一杯葡萄酒，可釀成不同的型態，最普遍的是不甜白酒之版本。主要使用瑪發席亞，常見的混釀是鐵比亞諾或白龐比諾（Bombino Bianco）。

另一款值得介紹的是因傳說而知名的Est! Est!! Est!!! di Montefiascone DOC，首次品嘗此酒時，以為「Est! Est!! Est!!!」是廣告詞，這款酒是目前義大利法定酒款中唯一帶有驚嘆號的酒款，其傳說可追溯於12世紀初，當時亨利五世帶著軍隊前往羅馬，其中有位具有權勢的主教喬恩・德夫克，與軍隊同行相比，他較在乎路途的景致和喝酒的興致，於是派斟酒人馬丁諾比他早一天出發，去尋找當地有好酒的小旅館或客棧，若發現好酒，就會在門口寫上「Est！」，代表「這裡有（好酒）！」讓隨後抵達的喬恩・德夫克看到並入內喝酒。當時馬丁諾抵達蒙特菲亞克內鎮後，發現這裡的酒太好喝了，一個「Est！」不足以表達對此酒的滿意度，於是寫下3個「Est！」，而此法定產區就將這歷史故事流傳，並成為法定酒款名稱「Est! Est!! Est!!! di Montefiascone DOC」，將其保留與傳承。這簡單又不簡單的酒款主要使用鐵比亞諾和瑪發席亞，可混少量的其他當地品種。

拉吉歐的名貴酒之代表為Cesanese del Piglio DOCG，12世紀出身於羅馬貴族的教宗英諾森三世，在位期間使中世紀教廷權威達登峰狀態，他和羅馬教宗波尼費裘八世稱伽杉內榭

151

左｜品飲Cesanese del Piglio DOCG Superiore。　右｜左邊為1964年分的Fiorano。

（Cesanese）品種為「酒中之王」，而Cesanese del Piglio DOCG酒體濃郁且具有陳放實力。

另外兩個使用伽杉內榭品種的DOC酒款為Cesanese di Affile DOC與Olevano Romano DOC，亦可使用少量的白葡萄品種做混釀，早期羅馬人喜歡喝帶甜的酒款來搭配餐桌上的佳餚。拉吉歐酒在國際上的能見度不高，常見的紅酒以日常生活搭餐酒居多，像是混釀為主的Castelli Romani DOC。

這裡也有使用國際品種釀造的餐酒或好酒，印象最深的是於紐約首次發表路易吉・維諾內里收藏特殊老年分的酒款中，品飲一款用卡本內蘇維濃和梅洛釀造的紅酒「Fiorano」。這款酒來自偉大古城羅馬郊區，且此酒從早期就有著高知名度，莊主亞力桑朵・路多維西和首席釀酒師朱塞佩・帕雷利都為重要人物，此酒較為特別的是用國際品種釀造，早在1970年已不用化學肥料種植葡萄。這也引起路易吉・維諾內里先生的關注，將此酒收錄於1970年的「Catalogo Bolaffi dei Migliori Vini Italaini」。此款酒的年分為1964年，卻是老當益壯，熟果、甘草、香料、咖啡等香氣，在口中圓潤飽滿。

拉吉歐的代表酒款，蘊藏著深厚實力，這樣的佳釀需要被推廣，才能知道箇中之美好。

拉吉歐產區分布圖

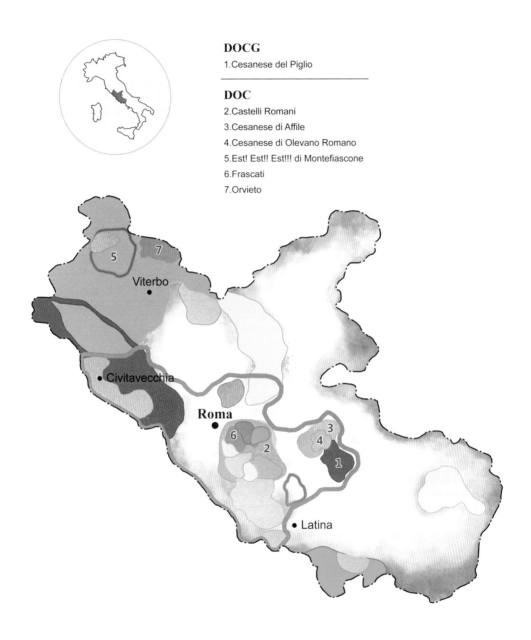

DOCG

1.Cesanese del Piglio

DOC

2.Castelli Romani

3.Cesanese di Affile

4.Cesanese di Olevano Romano

5.Est! Est!! Est!!! di Montefiascone

6.Frascati

7.Orvieto

這湛藍海岸讓忙碌的人裝上慵懶的心，
慢下腳步、享受當下。

第十三章

依山靠海之境：阿布魯佐（Abruzzo）

🍷 產區簡介

　　阿布魯佐大區位於義大利東海岸，首府為拉奎拉，有著美麗的蔚藍景色，內陸是中亞平寧與下亞平寧山脈的交界，有「巨石國家公園」（又稱「大薩索山國家公園」）壯

麗景致，藏匿著世界上瀕臨絕種的Marsican棕熊和Chamois山羚羊。雖然阿布魯佐位於中南部之間，而義大利國家統計機構卻將其歸類於南部，但網站上還是有人將其視為中部的一部

分,不管是中是南,都不能改變這裡是全歐洲綠地最多的釀酒產區。

氣候受鄰近的亞得里亞海與內陸的亞平寧山脈影響,所以有地中海型氣候與大陸型氣候,當時於夏季到訪此區,市中心人煙稀少,多數的人都在海岸避暑與度假,處於工作狀態的我也好想賴著不走,盡情地享受陽光與海洋。

🍷 關於葡萄酒

阿布魯佐的酒是以平易近人的調性為主,最為知名的就是蒙特普洽諾,其最大的法定酒款為Montepulciano d'Abruzzo DOC,其果香豐富、口感圓潤,為當地居民餐桌上最常出現的酒款。如果想要喝更厚實一些的酒,可以試試Colline Teramane Montepulciano d'Abruzzo DOCG,此法定酒款還有陳年等級,單寧較高、具有較長的窖藏實力。

白酒以Trebbiano d'Abruzzo DOC為代表,鐵比亞諾可混釀白龐比諾,此區的鐵比亞諾有很棒的酸度,有些釀酒師會選擇於桶中發酵或是經橡木桶熟成,使其酒更加有韻味。酒呈金黃色澤,果香豐富且細緻、酸度明亮、口感圓潤。有些釀酒師會將此酒入橡木桶,使其風味更加有層次也使酒體較飽滿。其他常見的白葡萄品種還有帕賽琳娜、佩可利諾、灰皮諾等,

上左 | 除了陽光與海洋,這應該是我想賴著不走的原因之一。

上右、下右 | 從這兩個酒款可見蒙特普洽諾可柔可剛的彈性面。上為Montepulciano d'Abruzzo DOC等級,此款口感圓潤。下同樣為Montepulciano d'Abruzzo DOC等級,此款較飽滿。

下左、下中 | 來自捍衛蒙特普洽諾品質的釀酒師之酒莊的酒款。左圖為1975年,右圖為2014年。

會讓人忘記時間的海洋。

特殊品種有蒙多尼可（Montonico）和發音俏皮的可可喬拉（Cococciola），此品種也引進台灣，曾出現於重要的品酒場合中。

另一個常見的是阿布魯佐北部的Controguerra DOC，紅酒款是以蒙特普洽諾為主，可混國際品種與當地葡萄品種；白酒款的選擇性較多，常見的有鐵比亞諾、帕賽琳娜和佩可利諾，連釀造型態也相當多元。還有另一個鄰近產地，亦是以蒙特普洽諾為主的DOC是Villamagna。

Cerasuolo d'Abruzzo DOC為義大利最棒的粉紅酒之一，使用品種跟Montepulciano d'Abruzzo DOC一樣，只是將浸皮時間縮短使其為粉紅酒，而當地人認為釀出的色澤較像紅櫻桃色澤，於是稱其為「Cerasuolo」，意思為「櫻桃色的」。這款酒像是夏天的紅酒，適合在海邊望著海景、喝上幾杯。

談及此區美食有Maccheroni alla Chitarra，這個跟吉他相關的義大利直麵「Chitarra」，其醬汁是以番茄為基

左｜用佩可利諾釀造的氣泡白酒。　中｜品飲Villamagna DOC。
右上｜品飲特殊品種釀造之白酒，為蒙多尼可白酒。
右下｜品飲以佩可利諾為主的Controguerra DOP，順道一提，阿布魯佐
　　　DOC等級的酒款常用歐盟的DOP來標示。

底，加上培根或選用其他肉品和佩可利諾乳酪。喜歡燒烤的人，不可錯過Arrosticini烤羊肉串，當地人喜歡用Montepulciano d'Abruzzo DOC或是夏天必喝的Cerasuolo d'Abruzzo粉紅酒搭配。另外，這裡的處女初榨橄欖油有獨特品種Gentile di Chieti，也有單一品種或是非單一品種的處女初榨橄欖油。

阿布魯佐的酒沒有華麗的修飾，卻有著樸實安心之感，像是家人般的酒，很生活、很自在。

使用單一品種Gentile di Chieti的處女初榨橄欖油。

亞托貝里家族的橄欖園。

阿布魯佐產區分布圖

DOCG

1.Colline Teramane Montepulciano d'Abruzzo

DOC

2.Controguerra

3.Montepulciano d'Abruzzo

4.Trebbiano d'Abruzzo

5.Cerasuolo d'Abruzzo

6.Villamagna

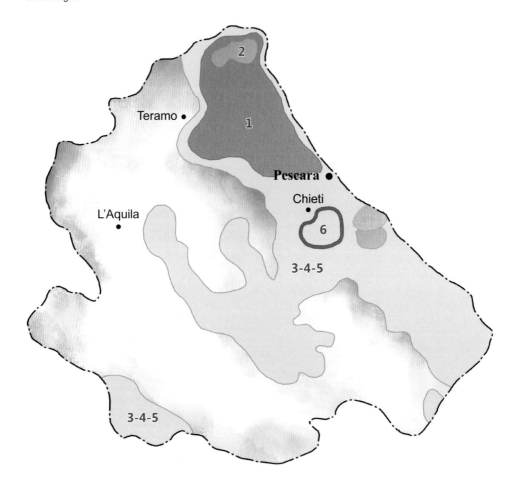

享用冰淇淋後，
正式拍下不可思議的維蘇威活火山和周圍的房屋。

第十四章
帝王聖經之飲：坎帕尼亞（Campania）

🍷 產區簡介

要提筆寫坎帕尼亞大區時，不知為何腦海播放出迪恩・馬丁的〈In Napoli〉，拿坡里正是坎帕尼亞的首府，也是南義文明的核心地帶，拿坡里海灣的小島群和卡布里島都屬於坎帕尼亞。到訪拿坡里不是因為披薩，是受邀參加從2005年開始舉辦至今的年度古堡酒展「VitignoItalia」，地點在蛋形城堡「Castel dell'Ovo」舉行。從此城堡可以瞭望維蘇威火山，即使龐貝

城早期曾因其爆發而埋沒，這個依然活躍的火山還是有人居住。

首訪拿坡里時是為了找居住於此地的朋友，也是我短居翡冷翠期間，第一次跨行政區的小旅行，雖然曾被台灣的朋友們告知這是個亂中有序的城市，但深入其中，才發現居民的生活面是如此有朝氣，城市的街道上，不時看到活力充沛的孩子們在玩耍，小從巷子、大到廣場，總是讓我驚奇連連。

阿瑪菲海岸有如詩如畫的風景，僅有8平方公里面積的波西塔諾村坐落其中，小巧之地卻常出現於電影大螢幕中。從外地人或是遊客的角度來看，這裡相當浪漫與美麗，但跟當地人交談後，從他們的話語中感受到的是現實生活中的經濟壓力與憂愁，卻不阻礙坎帕尼亞在音樂、藝術、建築、考古等文化的發展。坎帕尼亞鄰近狄里寧海，主要有

上｜不像蛋的「蛋堡」，那天散發出滿滿的酒香。
中｜壯麗的「全民公決廣場」。
下｜必吃的披薩店「L'Antica Pizzeria da Michele」。

左｜古老的聖卡洛劇院，開幕時曾為歐洲最大的劇院。　中｜城內的鐘樓。　右｜拿坡里灣一景。

拿坡里、薩雷諾與波利卡斯托海灣，鄰近的知名小島除了卡布里島，還有伊斯基亞島和普羅奇達島，靠海岸的氣候為地中海型氣候，內陸為大陸型氣候。

🍷 關於葡萄酒

如果說，在葡萄酒界中，北義之王是皮耶蒙特的Barolo DOCG，那麼南義之王就是坎帕尼亞的Taurasi DOCG，兩者都是高酸度、高單寧與高酒精濃度的酒款，均是有陳放實力的佳釀。Taurasi DOCG別稱「南義的巴羅洛」，主要使用品種為亞力安克（Aglianico），此酒特色為香氣濃郁、富有層次變化、酒體渾厚、餘韻細長、具有陳放實力，為葡萄酒愛好者不容錯過的大酒。

另一個以亞力安克為主的法定酒款為Aglianico del Taburno DOCG，以塔布諾鎮為中心，這裡冬季寒冷，地質以火山土壤為主，與Taurasi DOCG相比，後者的酒體與風味比較為強壯。

另一個重要的紅葡萄品種為紅皮耶迪（Piedirosso），通常以混釀為主，為當地許多DOC的指定品種之一，坎帕尼亞的知名景點如卡布里小島、阿瑪菲海岸、維蘇威火山等都有其蹤跡在。

知名的白葡萄品種有法蘭奇納（Falanghina）、菲亞諾（Fiano）、葵可（Greco），其中菲亞諾造就知名的Fiano di Avellino DOCG，此品種在古羅馬時代被視為「Apianum」，而此字的拉丁文之意為「蜜蜂」，正是因為

左｜陳年等級的Taurasi DOCG，年分為2008，酒名為「騎士紅酒」。
中一｜釀造「騎士紅酒」的貝佩騎士酒莊莊主與代表，手中是Taurasi DOCG。
中二｜品飲陳年等級的Aglianico del Taburno DOCG。　右｜品飲用紅皮耶迪釀造之紅酒。

左｜品飲酒莊旗艦酒款Fiano di Avellino DOCG Riserva。　中｜同時品飲菲亞諾、狐之尾、法蘭奇納和葵可釀造的白酒。
右｜首次認識「狐之尾」，是在拿坡里灣的一家餐廳提供的酒單裡，搭配著當季海鮮炸物，同桌的北歐友人說在他們國家早已
　　從坎帕尼亞進口此品種釀的酒。

其糖分高、香氣明顯，常引起蜜蜂的注意，在葡萄酒分類學中屬於經典且傳統的葡萄種類。所釀出的酒香氣馥郁、花果香明顯、酒體圓潤。

　　據說葵可品種是由希臘的皮拉斯及族傳到坎帕尼亞，此品種較不耐熱，種植於較高的海拔高度，也因此保有較好的酸度，常與罕見的狐之尾（Coda di Volpe）品種混釀。葵可多種植在亞維利諾省，其法定酒款為Greco di Tufo DOCG。

　　卡布里小島也有專屬的法定酒款為Capri DOC，白酒常使用法蘭奇納和葵可釀造，紅酒則最常使用紅皮耶迪品種。而Ischia DOC是鄰近卡布里小島的伊斯基亞小島的法定酒款，使用小眾品種來釀造。

　　知名的阿瑪菲海岸除了有無敵的海景，亦有專屬法定酒款Costa d'Amalfi DOC，釀成的酒型

上｜尚未成熟的紅皮耶迪葡萄串。
中｜同時品飲Capri DOC，年分從2012到2014。
下｜品飲Ischia DOC，使用彼昂可雷拉（Biancolella）品種釀造。

上左｜2015年Costa d'Amalfi DOC白酒，此款用法蘭奇納、彼昂可雷拉和佩沛拉（Pepella）品種釀造。
上中｜品飲2014年Costa d'Amalfi DOC紅酒，使用亞力安克、紅皮耶迪和汀托瑞（Tintore）品種釀造。
上右｜品飲2016年使用100%紅皮耶迪的Vesuvio DOP Rosso。
中左｜品飲2016年的Lacryma Christi del Vesuvio DOC，使用紅皮耶迪和亞力安克釀造。
中中｜品飲2012年的Falerno del Massico DOC。　中右｜品飲陳年等級的Sannio DOC。　下左｜品飲用卡薩維家釀造的紅酒。
下中｜用白帕拉葛雷洛釀造的 Terre del Volturno IGT。　下右｜用紅帕拉葛雷洛釀造的Terre del Volturno IGT。

態和使用之品種相當多元。紅酒多用亞力安克、紅皮耶迪、夏希諾索（Sciascinoso）等釀造，白酒和粉紅酒也是當地常飲用之酒款。坐落在陡峭坡度的葡萄園，使葡萄熟成時無法用機器採收，在耗費大量人力採收的情況下，到此一遊必定要品嘗難得的佳釀。

提及靠海的觀光勝地後，來介紹知名的維蘇威火山，其專屬法定酒款為Vesuvio DOC，其型態橫跨白酒、粉紅酒、紅酒、氣泡酒和甜酒。更為特別的是具有「基督之淚」傳說的Lacryma Christi del Vesuvio DOC，傳說基督升天時望著拿坡里海灣而落淚，此淚滴落在維蘇威火山後而長出葡萄

上左、上中｜來這一定要享用拿坡里披薩並搭配酒，餐後再快速喝下義式濃縮咖啡。

上右｜坎帕尼亞的名產之一就是水牛莫札瑞拉乳酪，當時用亞力安克釀造的粉紅酒做搭配。

下左｜這道看似是大麵包，其實是道鄉村菜，早期是為了不浪費剩下的菜，再次煮過後放在挖成空心、半硬的麵包中，現在已有用新鮮蔬菜熬成蔬菜濃湯後放入。

下中｜Paccheri麵型的番茄義大利麵。　下右｜千層貝殼酥的酥脆口感真叫人難以忘懷。

藤，此酒款常使用的品種為亞力安克和紅皮耶迪。雖然喝到此酒並沒有讓我落淚，但因此故事讓品飲更加有趣。

有著偉大歷史的Falerno del Massico DOC，是從羅馬時期流傳下來，當時稱作「Falernum」，此酒是羅馬詩人所推崇的酒，亦是羅馬軍隊不可或缺的精神飲品。

較為普遍的法定酒款為Sannio DOC，種植區塊面積廣泛，鄰近班內芬托省，也是一款可以釀出多元型態且包含多樣指定品種的酒款。

已經品飲具有代表性、普及性的坎帕尼亞葡萄酒，當然一定要挖寶一下特殊品種釀造的酒，像是有「老家」之意的卡薩維家（Casavecchia）

和帕拉葛雷洛（Pallagrello）品種，都可於Terre del Volturno IGT找到。

酒不離食，說到吃，坎帕尼亞人一點都不馬虎，從水牛莫札瑞拉乳酪、別於其他產區的「拿坡里披薩」、多樣的麵食、甜點千層貝殼酥到巴巴蘭姆酒小蛋糕等，琳瑯滿目的選擇，真要花上好一段時間來細細品嘗個中滋味。

「我們的土地、我們的佳釀」，在拿坡里喝著用在地葡萄所釀的好酒，搭配拿坡里披薩、水牛莫札瑞拉乳酪等當地特色料理，呼吸著有陽光、海灣與火山的空氣，這一切都深深烙印在腦海裡。

坎帕尼亞產區分布圖

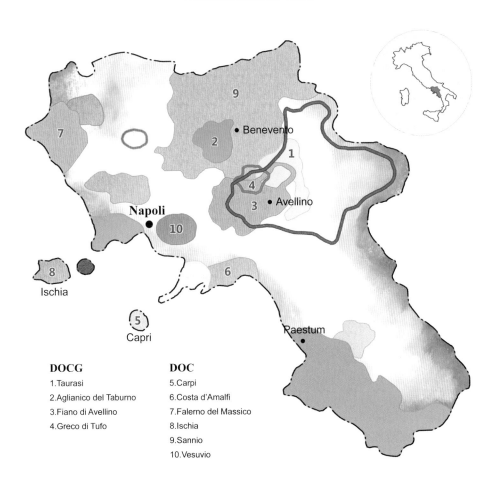

DOCG	DOC
1.Taurasi	5.Carpi
2.Aglianico del Taburno	6.Costa d'Amalfi
3.Fiano di Avellino	7.Falerno del Massico
4.Greco di Tufo	8.Ischia
	9.Sannio
	10.Vesuvio

當聽到義大利傳統樂器**Zampogna**的聲響帶出〈你來自星星〉傳統歌謠，我就知道已經進入義大利南部。莫利塞有著地小卻獨立的氛圍，看似放逐卻默默守在那裡。

第十五章
樸實卻也勁辣：莫利塞（Molise）

🍷 產區簡介

　　古老步道、季節游牧、與世無爭，為莫利塞大區的獨有景色，早期以前跟阿布魯佐歸屬在同一個行政區。莫利塞內部只分成兩個大省，人口主要居住在坎波巴索省，首府也以此為名。由於介於亞平寧山脈與亞得里亞海之間，主要是大陸型氣候，靠海地帶氣溫較溫和。此區的酒像是處在邊疆的地帶，在國際，甚至在義大利都頗為陌生，但卻不能抹煞其重要酒款的存在。

雖然莫利塞與阿布魯佐已不再是同個行政區，但飲食文化上卻無法像行政區般劃分清楚，靠近亞平寧山脈的莫利塞有豐富的畜牧業資源，羊群、牛群因季節交替或因氣候環境因素而有「移牧」傳統。畜牧業是當地人主要的經濟來源，但主要市場在阿布魯佐，因此深入在地料理後發現很少有肉品，當地人吃的是樸實又簡易的料理「p'lenta d'iragn」，這是用馬鈴薯與小麥做成類似玉米糕形狀，搭配番茄醬汁的主食。此外，此區出產的辣椒有「小惡魔」的封號，讓我對莫利塞的印象是「樸實卻也勁辣」。

♈ 關於葡萄酒

莫利塞所占面積為義大利行政區第二小，酒款種類也不多，釀酒葡萄方面，大部分是鄰近產區也有的品種，如蒙特普洽諾、亞力安克、山吉歐維榭、法蘭奇納、莫絲卡朵等，還可找到國際品種卡本內蘇維濃、夏朵內等。如要提到特殊性的在地品種，一定就是汀堤利亞（Tintilia），因為除了莫利塞，義大利的其他地方目前看不到汀堤利亞的蹤跡。用此品種釀出的酒，顏色深，其高酒精濃度使原本粗獷的單寧較為柔順，有野櫻桃、洋李、甘草等香氣。

Tintilia del Molise DOC此大器晚成的法定酒款，主要使用汀堤利亞釀造，紅酒至少要熟成1年，其特色為果香豐富、單寧明顯、酒精濃度高，也因此成為莫利塞酒款中最具有代表性的紅酒，而此法定酒款亦可釀造粉紅酒。

左｜品飲法蘭奇納白酒。　中｜品飲混釀的粉紅酒。　右｜品飲Tintilia del Molise DOC。

此酒可搭配Ventricina，是當地用豬肉加入茴香籽和紅辣椒製成的義式臘腸。

Biferno DOC為莫利塞第一批升等DOC的法定酒款，亦是當地的普及酒款，位於坎波巴索省，紅酒以蒙特普洽諾與亞力安克、白酒以鐵比亞諾與麗比諾品種釀造。可搭配莫利塞出產的「馬背乳酪」（Caciocavallo），別誤會，這不是用馬奶而是用牛奶或羊奶做出能「放在馬背上讓騎馬的人方便食用的乳酪」，熟成有3個月到2年之間可選擇。

Pentro di Isernia DOC和前酒款所使用的品種類似，紅酒所使用的品種稍有不同，主要以蒙特普洽諾與山吉歐維榭混釀，兩者相較，前者酸度較低、酒體厚。而這兩個法定酒款的白

酒均可搭配海鮮料理，尤其是Baccalà alla Cantalupese，是將鹽漬鱈魚跟橄欖、葡萄、大蒜、刺山柑與黑胡椒的組合。

Molise DOC是莫利塞酒中，範圍涵蓋最廣與可使用品種最多的法定酒款。針對不同品種可釀成紅白酒、氣泡酒或風乾甜酒。

接下來的酒款Terre degli Osci Rosso跟伊特魯斯坎人有關聯，「Terre degli Osci」意為「奧斯坎之地」，在荷馬創作的《奧德賽》中描述奧斯坎這個古老民族跟伊特魯斯坎人同期出現，後者落腳在托斯卡納，而奧斯坎就定居現今的莫利塞。看到此酒能感受到這個地塊默默地守護奧斯坎之名，尊敬之意也油然而生。

左｜品飲2015年Biferno DOC。　中｜品飲Molise Rosso DOC。　右｜品飲Terre degli Osci Rosso。

雖然這裡並無特殊性的甜酒，但甜點中一定要試試「Panettoncino al mais」，這也是居民在聖誕佳節會做的巧克力海綿蛋糕，在當地稱為「Lupacchioli」或「Lupacchiotto」。

莫利塞是個小巧而深厚的產區，不複雜的法定酒款也讓我多將注意力放在其自然風光，不經意地發現能觸動心情的景物或酒款，這也是旅行中無形的收穫。

莫利塞產區分布圖

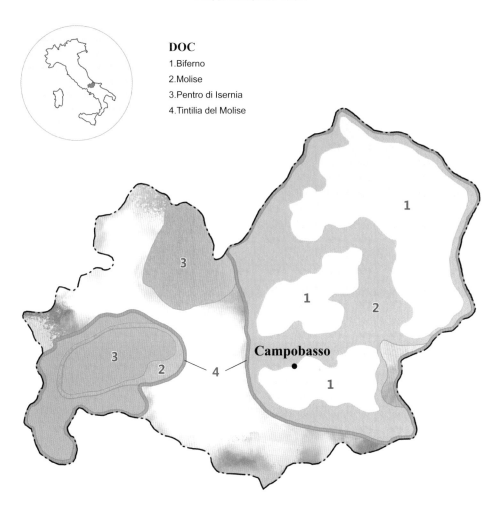

DOC
1. Biferno
2. Molise
3. Pentro di Isernia
4. Tintilia del Molise

這個無法穿上腳的鞋跟，讓我了解，
把握當下的瞬間就是擁有。

第十六章
義國美麗鞋跟：普里亞（Puglia）

 產區簡介

　　「義大利鞋跟」普里亞大區，因
其地理位置而成為義大利前往東方的
橋樑，首府為巴里，這裡是葡萄藤與
橄欖樹的聖地，當年自助旅行搭紅箭
高速列車來到此區，望出窗外是不間

斷地橄欖園景致。普里亞更是義大利
的農業倉庫，除了葡萄酒與橄欖油，
番茄、羅勒、杏仁、洋蔥、穀物等作
物，都是以大面積的耕作所呈現，還有
受到歐盟DOP保護的麵包，是來自巴里
省亞塔穆拉城的Pane di Altamura。

上｜綠油油的羅勒園。　下左｜羅勒葉子都快比我的手掌還大，香氣清新自然。　下中｜橢圓形的剝皮番茄。
下右｜篩選中的櫻桃番茄。

地勢從北到南而有不同，北部是廣闊的塔弗里耶雷平原，這平緩的地形、肥沃的土壤、充足的陽光，成為發展農業的優良條件之一。當在這遼闊平原的道路上開車，視野和心胸也會跟著開闊起來，著實達到療癒效果，但有時「middle of nowhere」之感不禁油然而生，雖然看得到前方的路，卻好像看不到盡頭。

南部的薩倫托半島延伸至海灣，有豐富的海產，如塔蘭托灣的生蠔與醃製鮪魚肚等。美麗的海岸帶動當地觀光，每當夏季就會吸引大批來自國內外的觀光客到此度假，待天空緩緩披上黑紗，欣賞海景的時間逐漸拉長，就連晚餐時間也延後到10點多，此時城鎮的夜晚反倒不是寧靜，而是充滿著活力與聲響。

🍷 關於葡萄酒

普里亞氣候相當乾燥，因飽受陽光的恩典，雖然為義大利雨量最少的產區，卻是量產葡萄酒名列前茅之區域，因此有「歐洲酒窖」之美稱，外銷的義大利酒，幾乎都有普里亞酒。為了打破量產平價酒的形象，許多釀酒師釀造高品質之酒款，尤其是紅酒與粉紅酒。

普里亞精彩的葡萄酒產區在南部，但北部卻有不可取代的品種黑特洛伊亞（Nero di Troia），主要種植於聖西維羅和佛賈，此品種名取自位於佛賈省的特洛伊亞鎮。傳說中此鎮是由「特洛伊戰爭」中希臘聯軍之英雄，亦為阿爾格斯君王──狄俄墨德斯所建立，故以此為名。黑特洛伊亞的葡萄顆粒較其他當地品種大些，別名為「Uva di Troia」。可以搭配佛賈跟巴里特產的傳統羊奶Canestrato Pugliese DOP乳酪。

順勢而下的重要產區為蒙特城堡，距離巴里約37公里。這個位於高處的城堡可以瞭望鄰近鄉村或小鎮，特別之點不只在地理位置，還有其八角形狀之外觀，是13世紀由神聖羅馬帝王費德利克二世所建造，這個驚世之作引起許多的討論，現今是聯合國教科文組織列為世界文化遺產之外，更為2002年歐元1分錢硬幣之圖像。提及此地的葡萄酒，

上｜普里亞出產許多高品質的粉紅酒。
中｜佛賈的黑特洛伊亞。
下｜特洛伊亞鎮內的指標。

就有3個DOCG，以Castel del Monte Rosso Riserva DOCG最為常見，其基本款為Castel del Monte DOC，使用的葡萄品種與型態較為多元。

另一個跟城堡有關的產地是Gioia del Colle DOC，這裡有普里亞特別的諾曼·史維弗式城堡，此法定酒款的型態有不甜白酒、粉紅酒、紅酒和甜酒。

南部代表性品種為普利米堤弗（Primitivo），雖然北部與中部也有種植，但兩個重要法定酒款Primitivo di Manduria DOC與Primitivo di Manduria Dolce Naturale DOCG是位於南部產地。前者釀出的酒為色澤深、香氣馥郁、酒體圓潤的紅酒；後者為普里亞首個升等DOCG酒款、使用風乾後的葡萄所釀出的甜酒，其風味非常濃郁。建議用前款酒搭配普里亞週日聚餐常出現的番茄肉醬貓耳朵義大利麵（Orecchiette al Ragù di Braciole）。

南部日常生活用酒為Salice Salentino DOC和Salento IGT，釀產白

上左｜品飲2011年的Castel del Monte Rosso Riserva DOCG。

上右｜左為普利米堤弗釀造的Gioia del Colle DOC，右為Primitivo di Manduria DOC。

下左｜普利米堤弗葡萄串。

下右｜Primitivo di Manduria Dolce Naturale DOCG。

特洛伊亞最美的主教堂，為12世紀建造的普里亞羅馬式建築。能到訪跟在地葡萄相關的特洛伊亞鎮，是我夢想名單之一。

左｜品嘗到以特殊在地品種蘇蘇曼尼耶洛（Susumaniello）、黑雅瑪洛和黑瑪發席亞釀造的Salento IGT。
中｜品飲Moscato di Trani DOC。　　右｜品飲Colli della Murgia的Fiano Minutolo白酒。

酒、紅酒與普里亞最有名的粉紅酒。想用此酒做簡單在地食物的搭配，有Salsiccia alla Salentina可以選擇，是用鹽巴、黑胡椒、檸檬皮、不甜白酒來調味的肉腸。再往南的雷契省境內的小城鎮會用肉桂、丁香與洋香菜調味。

另一個常見的酒款是Brindisi DOC，主要使用代表性品種黑雅瑪洛（Negroamaro）釀造。此酒和Salice Salentino DOC的白酒常搭配加入油菜或花椰菜的Orecchiette alle Cime di Rapa，是來到普里亞必吃的特色美食之一。

如躍躍欲試此區的甜酒，不能錯過的是鄰近塔尼鎮所產的Moscato di Trani DOC，再配上帶著花瓣形狀的美味甜點「Carteddate」，感受一下當地的「甜蜜生活」（La Dolce Vita）。

在探索普里亞酒中，總是會有特殊品種讓我會心一笑，有個有趣的小產區Colli della Murgia種植菲亞諾品種另個生物型Fiano Minutolo，這個13世紀就已存在於普里亞的白葡萄，釀出的白酒有宜人之香氣。

記得到訪普里亞時，白天溫度飆到42°C，令人深刻體驗到此區的葡萄為何豐碩甜美。普里亞之大，還有許多城鎮值得探索，亦尚有未完成之葡萄酒旅途驅使我再來訪。

普里亞產區分布圖

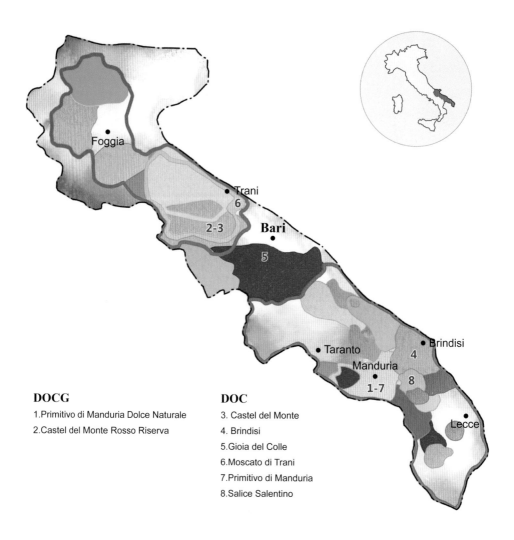

DOCG
1.Primitivo di Manduria Dolce Naturale
2.Castel del Monte Rosso Riserva

DOC
3. Castel del Monte
4. Brindisi
5.Gioia del Colle
6.Moscato di Trani
7.Primitivo di Manduria
8.Salice Salentino

Foggia

Trani
6
2-3
Bari
5

Taranto
Manduria
Brindisi
4
8
1-7
Lecce

為了看你，那天起身搭了將近一天的車，
心中的不安，在見到你時，化為烏有。

第十七章
足弓盧卡尼亞：巴西里卡塔（Basilicata）

🍷 產區簡介

　　巴西里卡塔大區位於義大利鞋靴的足弓之處，像是夾心餅乾介於南義普里亞與卡拉比亞（Calabria）之間，如果計畫在此自助旅行，可從普里亞的首府巴里搭火車或是巴士前往，巴里內路線火車與巴士站設備都已更新，讓旅途更加便利與舒適。雖然南義夏季炎熱無比，但陽光照射下之景色，不論用手機或是相機拍照都很美。

巴西里卡塔的舊名取自當地同名部落「盧卡尼亞」，被拜占庭帝國統治後，此地才改名為「Basileus」，意為「帝王」、「統治者」或是「被拜占廷帝國統治之地」。巴西里卡塔早期是較不為人知之地，其中關鍵「宣傳」之一，是知名人物卡羅列維，這位多才多藝的杜林人因政治關係被放逐於此地，他以舊名「盧卡尼亞」代稱巴西里卡塔，將其觀察與感受寫成《基督停步埃波利》一書。後來巴西里卡塔的居民受到外界與官方的關注，漸漸改善生活品質，並藉由其特殊景致發展其觀光。

此區部分為亞平寧山脈坐落之地，相對地有許多壯麗的自然景色，其中波利諾國家公園孕育多樣的動植物。巴西里卡塔內部為大陸型氣候，南部緊鄰塔朗多灣，因受到海洋調節使氣溫較為溫和。首府為波田薩，這個義大利最高的首府，可俯瞰鄰近的山谷與河流，但過往曾遭遇幾次嚴重的地震，有許多建築都是後期重建與修復。

參訪巴西里卡塔不能錯過的勝地，就是被聯合國教科文組織列為世界文化遺產的「地下之城」馬泰拉，這裡有著深厚的歷史背景與遺留的特殊石穴屋建築，白天和黑夜各有其令人沉醉之景，這彷彿時空停止的古城，吸引不少國際電影導演前往拍片。2017年上映、由蓋兒・加朵主演的《神力女超人》亦在此取景。

左｜普里亞巴里的中央車站月台。　右｜馬泰拉這個魅力古城已預選為2019年「歐洲文化之都」。

🍷 關於葡萄酒

　　巴西里卡塔的葡萄種植面積不大，具代表性的酒產於北部靠近弗杜雷火山，種植的葡萄品種為具有高單寧、高酸度的亞力安克，造就Aglianico del Vulture DOC和Aglianico del Vulture Superiore DOCG兩種法定酒款，後者較前者的酒精濃度高，具有較長的陳年實力。此酒建議搭配羊肉Spezzatino di Agnello，再倒上一杯亞力安克釀的紅酒，就是人間的美味！

　　某次參訪拉迪諾酒莊，現由安傑羅家族用心經營，莊主是馬泰拉人，擁有鄰近弗杜雷火山之葡萄園。葡萄園的平均海拔高度為800多公尺，從平地開往山丘的路況是顛簸的，梯田式的種植讓我想起利古里亞的葡萄園，在大太陽底下目睹此區的亞力安克葡萄串，當時所留下的汗水不足以跟開發與種植葡萄的農民們相比，知道佳釀得來不易，每當品飲時，都抱持著感謝與感動的心情。

　　馬泰拉也有專屬的法定酒款Matera DOC，此法定酒款有3種型態，白酒是以葵可、瑪發席亞等品種

上左｜雖然無法親臨弗杜雷火山，但前往葡萄園的公路上，已遠望此山的輪廓（見紅色圈內）。
上中｜桶邊試飲Aglianico del Vulture DOC。　上右｜意料不到Aglianico del Vulture DOC竟可搭配當地DOP認證的大草莓。
下｜用全景模式的照片呈現拉迪諾酒莊葡萄園（左）與橄欖園（右）。

釀造，建議搭配當地特色料理「辣味茄汁大耳朵麵」（Tapparelle al Sugo Piccante）。記得當時到訪的夏日中午，雖然熱到沒有什麼胃口，但看到清涼的馬泰拉白酒與帶些辣味的大耳朵麵，整個胃口大開！

紅酒則用普利米堤弗、山吉歐維榭等品種。第三種較為有趣，是以卡本內蘇維濃為主做混釀的黑酒（Moro）。馬泰拉的紅酒很適合搭配盧卡尼亞肉腸，此肉腸使用高品質的豬肉並加入茴香籽、黑胡椒、鹽巴，還有多了辣椒的版本，此外，也可試試來自波田薩的Pecorino di Filiano DOP羊乳酪。

法定種植區塊位於南部的Grottino di Roccanova DOC，釀出的酒型態多元，因紅酒以山吉歐維榭和卡本內蘇維濃釀造，使此法定酒款也是具有潛力的酒款之一。

基本上，在巴西里卡塔的家庭，有酒之處就少不了現今受到歐盟保護的馬泰拉麵包（Pane di Matera

上左｜巴西里卡塔的專業侍酒師。他說馬泰拉的居民準備迎接2019年「歐洲文化之都」的榮耀。
上中｜品飲用普利米提弗釀造的Matera DOC。
上右｜品飲Matera DOC的黑酒。
下左｜品飲Matera DOC粉紅酒。
下右｜品飲2015年Grottino di Roccanova DOP。

IGP），其中規定使用100% Senatore Cappelli粗麵粉，加入用水浸泡葡萄或無花果所培養出的天然酵母做發酵。此麵包外型呈不規則的山形的岩塊，跟馬泰拉的岩石有不謀而合之型。

之後在出國的飛機上看到電影《神力女超人》，不加思索地點入來看，也不禁懷念巴西里卡塔的美麗。

民宿的早餐提供馬泰拉麵包。

巴西里卡塔產區分布圖

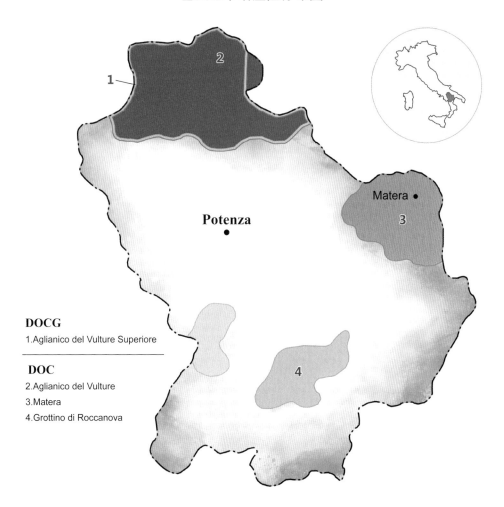

DOCG
1.Aglianico del Vulture Superiore

DOC
2.Aglianico del Vulture
3.Matera
4.Grottino di Roccanova

一分耕耘、一分收穫，
已不適用這快速發展的世界，
有時是十分耕耘、一分收穫，
幸運的話，
一分耕耘、十分收穫。

第十八章
亞平寧山南境：卡拉比亞（Calabria）

🍷 產區簡介

　　位在義大利鞋靴腳趾處的卡拉比亞大區，首府為卡坦薩羅，因當地綿延的綠色山脈而有「綠海」之稱，波利諾山為卡拉比亞與巴西里卡塔之界，地勢較低處通常是當地種植柑橘、橄欖等作物之農業區塊。早期希臘人落腳此地，將其視為「大希臘」之核心處。卡拉比亞從古希臘、羅馬帝國、拜占庭帝國、諾曼人、那不勒斯王國的統治，到後期阿爾巴尼亞人

的移民潮，其影響在現今的城鎮中依稀可看見。

在這亞平寧山脈最南境之處，因鄰近愛奧尼亞海和狄里寧海，使其有清澈的蔚藍岩岸與沙灘，而跨過梅希納海峽就是西西里島。此區氣候溫和，即使冬天也不會特別寒冷，有著既空曠又神祕之感。

🍷 產區簡介

卡拉比亞的葡萄酒產量以紅酒為主，這裡陽光照射強、土壤貧瘠，適合的種植方式為矮灌木栽培種植，主要品種為加里優波（Gaglioppo），白葡萄品種為葵可。這一紅一白就是法定酒款Cirò DOC之指定品種，Cirò DOC更是卡拉比亞酒之代表，也被視為世界最古老的酒之一，此地釀酒歷史在好幾千年前就已存在。Cirò DOC位在東部席拉山腳下，可以延伸到愛奧尼亞海，此區地質主要以鈣質土、泥灰土與陶土、沙土等組成。加里優波的酸度偏高，釀出的酒較厚實，若搭配Capocollo di Calabria DOP肉腸，就彷彿置身卡拉比亞的天堂。

鄰近Cirò DOC的法定釀酒區為Melissa DOC，可釀成紅酒或白酒，而紅酒的產量大於白酒。另外，特別的法定酒款有Sant'Anna di Isola Capo Rizzuto DOC，「卡波·瑞蘇托」早

上左｜品飲2016年的Cirò DOC白酒。
上中｜品飲2013年的Cirò DOC Rosso Classico Superiore。
上右｜品飲2014年的Cirò DOC Riserva。
下左｜幸運找到量少的Melissa DOC白酒。
下右｜品飲2015年用「佩可瑞洛」（Pecorello）釀造的Calabria IGP白酒。

期是座獨立小島，後期演變成連結主島的邊疆地帶，釀酒型態多元而有趣。這兩個DOC的紅酒，可以試著搭配香料風味的'Nduja di Spilinga臘腸，切片後跟Pitta Calabrese麵包一起食用，就是簡單滿足的一餐。

　　Greco di Bianco DOC知名的甜白酒款，使用部分風乾葡萄釀成，讓酒有柑橘與草本的香氣。而鄰近聖艾弗米亞海灣的Lamezia DOC，其氣候溫和，酒體較圓潤飽滿，其中白酒類型可以搭配當地海產的劍魚和鮪魚。相對地，Savuto DOC的法定範圍因靠多尼奇山區，氣候較冷些，釀出的酒之酒精較低。以上酒款都可嘗試搭配普及南義的Caciocavallo Silano DOP乳酪和煙燻版本的Ricotta稱為「Abbespata」。

　　從卡拉比亞的葡萄酒地圖中可看出其法定酒款並不多，但卻能滿足居民的需求，不僅是葡萄酒，卡拉比亞人早已有「Less is More」的生活概念，在多元的義大利葡萄酒世界留下極簡的一面。

卡拉比亞產區分布圖

DOC
1. Cirò
2. Greco di Bianco
3. Lamezia
4. Melissa
5. Savuto

有時飛越萬里，為的是，一款從未嘗過的佳釀。

第十九章

黑手黨之柔情：西西里島（Sicilia）

🍷 產區簡介

　　西西里島為義大利土地面積最大的行政區，亦是地中海島嶼中面積最廣、以農業為核心之島。首府為巴勒摩，這個行政區在藝術、音樂、文學、廚藝、建築與語言有獨樹一格的文化，早期這裡深受希臘與阿拉伯文化影響，可在其農業與社交方面等顯現，此區亦屬早期「大希臘」的一部分。

　　西西里島主要為地中海型氣候，此島與鄰近小島有許多火山土壤，最知名的是東部的艾特納山，為歐洲最

高的活火山，到了冬季轉成吸引觀光客的滑雪勝地之一。首訪西西里島時，直奔到特拉帕尼城，這個有「鐮刀」之意的城市讓人有放逐之感。當時的好天氣讓我有機會在蔚藍的天空下欣賞遼闊的海灣和古色古香的市中心建築，當然，還有盡情享用西西里風味的冰淇淋。

🍷 關於葡萄酒

阿拉伯於西元600年在此統治西西里島，儘管伊斯蘭教有對酒精飲品的控管，西西里島的葡萄品種與酒名還是多少有阿拉伯文化涵義在其中。例如，最普及的瑪莎拉酒（Marsala），意為「上帝的海港」，而常釀成甜酒的吉比波（Zibibbo）品種就是由阿拉伯文「葡萄乾」而來。

西西里島跟東北部威內托於酒的產量是可互相較勁，早期以瑪莎拉酒最為知名，後期此區推崇的葡萄酒，是使用源於亞沃拉鎮最出色的品種黑達沃拉（Nero d'Avola）作為代表性的在地品種，此品種和弗拉帕托（Frappato）混釀造就Cerasuolo di Vittoria DOCG，此法定酒款有傳統區塊，優質葡萄園就在此，釀出的酒色似紅櫻桃色澤，香氣馥郁優雅。

此外，內雷洛·瑪斯卡勒榭（Nerello Mascalese）與似義式咖啡名的內雷洛·卡布裘（Nerello Cappuccio）品種則是Etna DOC紅酒指定品種之二，混釀比例前者高過於後者。此法定產地圍繞著卡塔尼亞山丘與艾特納山，除了火山影響與地震使地層有複雜的多樣性，地質含有精細的沙土，可對抗

左｜左為用葛里洛釀造之白酒，右為用黑達沃拉釀造之紅酒。　中一｜品飲Cerasuolo di Vittoria DOCG。
中二｜Etna DOC紅酒。　右｜Etna DOC白酒。

葡萄根瘤蚜的蟲害，因此西西里島有許多老藤與未嫁接的葡萄藤根。其陡斜地勢與火山土壤讓葡萄栽種相當困難，儘管如此，還是有釀酒師在海拔更高的區域挑戰種植葡萄，誘因是當地有豐富的黑土，加上西西里島受到地中海型氣候的影響，較長日照可以提升葡萄的熟度。

在研討會中呈現潘特雷利亞火山小島的葡萄園，像極了小小樹叢。

來說說世界聞名的瑪莎拉酒，法定酒款為Marsala DOC，「瑪莎拉」一名由同名古老海港城而來，其關鍵人物之一是英國商人約翰·吾德浩斯，他在18世紀末發掘瑪莎拉加烈酒經得起長期海上運輸、適合濕冷氣候國家的人來飲用。瑪莎拉酒的特殊製程稱為「in perpetuum」，類似釀造雪莉酒的「solera」系統。因市場上多數為帶甜的瑪莎拉酒，使世人對其印象留在

品飲2010年的Malvasia delle Lipari DOC風乾甜酒。

料理酒或做甜點的調配酒，直到20世紀末才有品質上的突破。現今瑪莎拉酒的分類，可從酒色、陳年時間和甜度來分類，所以瑪莎拉酒有紅葡萄品種釀造，也有不甜的版本。

甜酒有兩個最具代表性的酒款，這兩個法定酒款均受火山土壤之影響，一為產於利帕里小島的Malvasia delle Lipari DOC，這款古老且極為特殊的甜酒，主要使用瑪發席亞品種釀造，有時會混少比例的黑可玲多（Corinto Nero）。這款酒於19世紀曾被喻為「靜靜燃燒品飲者意識」之酒，我遇到此酒的當下，啜飲這款黃金液體，他沒有燃燒我的意識，但卻靜靜地溫暖我的心。順道一提，不是所有的Malvasia delle Lipari DOC都是甜的，也有不甜和加烈酒之類型。

另一個代表性甜酒就是Pantelleria DOC，這款經典與珍藏型的甜酒，產地為義大利最南方的潘特雷利亞火山小島，此區有暖風「吹熱」當地的葡萄，造就獨特的風味，但為了避免風長期的吹拂，此島的葡萄藤像是小樹叢種在接近地面之處，有茂密的葉子遮蓋。主要品種為吉比波，此酒在古老傳說中是給「天空之神」飲用。其中以風乾甜酒類型最為馥郁與香甜，這重要的酒款除了歷史、文化、生活，還有經濟層面，已跟當地居民有著密不可分的關係。

除了以上的聞名酒款，重要的紅葡萄品種有佩利可內（Perricone），日常飲用的白酒常用葛里諾（Grillo）、英索利亞（Inzolia）、卡塔拉托（Catarratto）等釀造。還有許多小的法定酒款，例如，可以瞭望梅希納海峽的古老產地Faro DOC和Mamertino DOC、靠近巴勒摩城的Monreale DOC等。西西里島不僅有多元的葡萄酒款，其五彩繽紛的文化，更是吸引許多旅者到此探訪之因。

上左、上右｜品飲2012年的Passito di Pantelleria DOC。
下左｜品飲佩利可內釀造之紅酒。
下右｜除了葡萄酒，西西里島也釀產檸檬酒、柑橘酒等水果酒。

西西里島產區分布圖

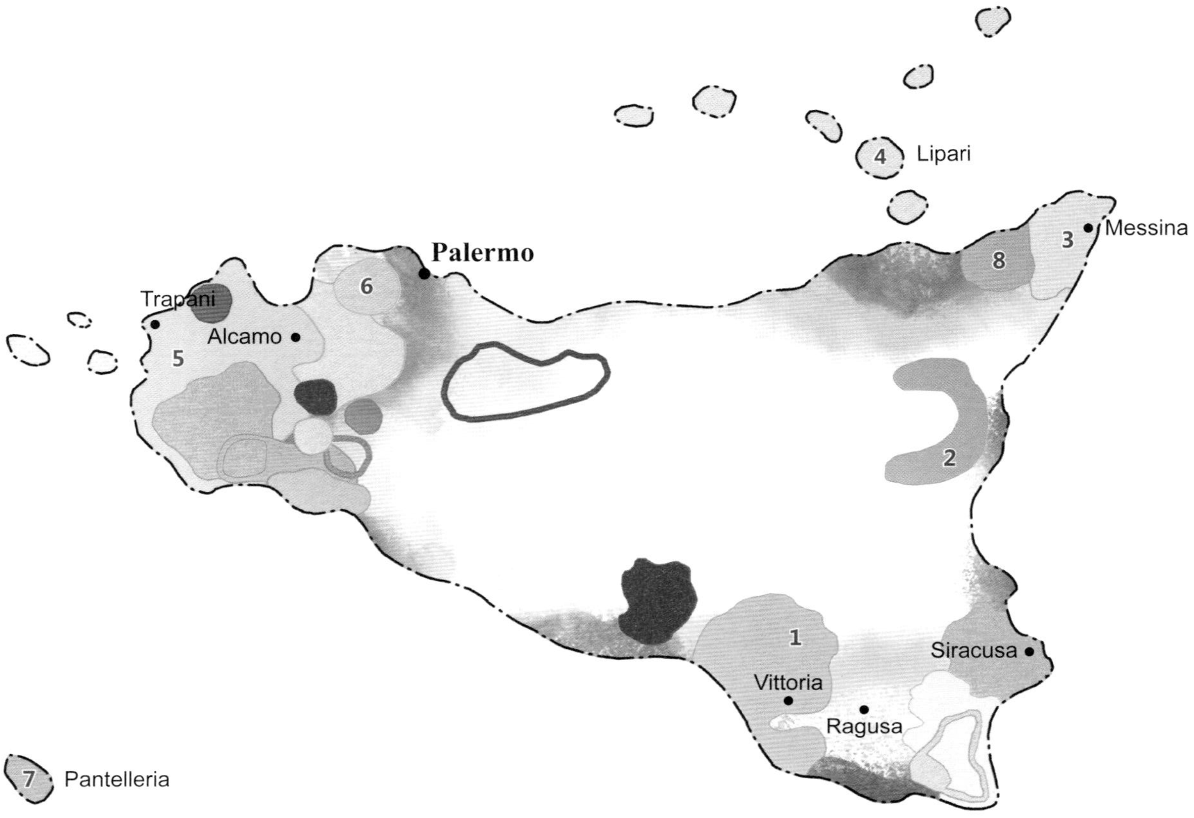

Messina

3

8

2

Siracusa

Lipari

4

1

Ragusa

Vittoria

Palermo

6

Alcamo

Trapani

5

Pantelleria

7

DOCG
1.Cerasuolo di Vittoria

DOC
2.Etna
3.Faro
4.Malvasia delle Lipari
5.Marsala
6.Monreale
7.Pantelleria
8.Mamertino

191

不說，不代表沒發生，發生的，也不再被提起。
（薩丁尼亞海岸 by Antonello Zappadu攝影師。）

第二十章

義國長壽民族：薩丁尼亞島（Sardegna）

🍷 產區簡介

　　薩丁尼亞島為地中海第二大的島嶼，鄰近西西里島、法屬科西嘉島、北非突尼西亞、巴利阿里群島。薩丁尼亞島沿岸為高聳岩岸，可俯瞰海灣與鄰近的小島嶼，首府是位於南部的卡利亞里市，意為「城堡」。薩丁尼亞島的形成與西西里島不同，不是由地震板塊所引起，而是從5億年前就形成的大岩塊經歷長時間的侵蝕至今，此大岩塊是由花崗岩、片岩、粗面

岩、玄武岩、砂岩和特殊的白雲石、石灰岩等成分組成，島上最長的河流為堤爾索河。

約西元前1500年，薩丁尼亞島上的村落有圓形的「努拉吉堡壘」，此堡壘有著保護城牆的重要使命，目前此島有約7,000個努拉吉。「努拉吉」一名是由當時居住的部落「Nuragic」而來，他們被稱為「海洋的民族」，當地語言是混義大利語、西班牙語、巴斯克語與阿拉伯語。此島以地中海型氣候為主，一年有將近300多天是豔陽日，而從西北邊吹來的米斯塔拉風，於冬季和春季有明顯的影響，其他季節多為乾燥又涼爽，是水手們的天堂。

🍷 關於葡萄酒

葡萄為薩丁尼亞島最根本的經濟作物之一，此島曾被西班牙殖民過，其影響顯現在葡萄酒之中。早期島上以大量生產平易近人的酒為主，近期

上｜「努拉吉」by Antonello Zappadu攝影師。
下｜「努拉吉堡壘」by Antonello Zappadu攝影師。

才意識到品質的重要性。葡萄酒本為文化和文明之象徵，農民們懂得選擇更好的區塊、降低每公頃的種植株數、新設備的投入等，讓釀酒師們與合作社成員共同努力，以確保葡萄酒的質量，發揚到其他產區與國家。

薩丁尼亞島代表性的白葡萄品種是維曼堤諾，因島上複雜的土壤與米斯塔拉風的影響，造就維曼堤諾在此區有獨特風味。指定用此品種之法定酒款為Vermentino di Gallura DOCG，以酒精濃度較高的不甜白酒型態最為常見，更為普及的是Vermentino di Sardegna DOC，前者果香豐富、口感圓潤，後者口感清爽、酸度明亮。在尋找維曼堤諾的過程，我從IGT等級挖到寶，發現位於薩丁尼亞島北部的Romangia IGT，雖然此法定酒款指定的品種繁多，但品飲到的這款主要是使用維曼堤諾釀造，香氣上揚、有著亮麗的酸度。

上左｜品飲Vermentino di Gallura DOCG Superiore。　上中｜品飲Vermentino di Sardegna DOC。
上右｜品飲Romangia IGT Vermentino。　下左｜卡諾奧葡萄串by Gilberto Arru薩丁尼亞品酒師。
下中｜品飲Cannonau di Sardegna DOC。　下右｜品飲2011年Cannonau di Sardegna DOC Riserva。

薩丁尼亞島知名的法定紅酒為Cannonau di Sardegna DOC，使用古老品種卡諾奧（Cannonau），其來源有兩種說法，一是由西班牙人在殖民薩丁尼亞島時期從國內帶來，二為由耶穌會傳教時從法國帶到薩丁尼亞島。卡諾奧在全島都有其蹤跡，而中部是最適合的種植地帶。這款溫和的紅酒，除了莓果香氣外，帶些微微黑巧克力或堅果尾韻，通常熟成5個月後就會裝瓶上市。

有個聽似人名的葡萄品種莫妮卡（Monica），其法定酒款有大區的Monica di Sardegna DOC，還有較小範圍的Monica di Cagliari DOC。兩個法定酒款相較下，後者的酒體偏厚、酒精濃度稍高。順道一提，同樣以卡利亞里省為核心的法定種植範圍的還有Nuragus di Cagliari DOC、Girò di Cagliari DOC等。而特殊量少的法定酒款Mandrolisai DOC，規定使用的「三寶」品種之一就是莫妮卡，其他兩種為波法雷（Bovale）和卡諾奧。

此島南部有個具歷史性的酒款是Carignano del Sulcis DOC，索伽斯區因靠海岸之便，使釀產的酒多運到地中海岸，也因海風使其酒有明顯的礦物風味，此法定酒款之陳年紅酒需要至少2年的熟成時間才能裝瓶上市，其粉紅酒類型也很出色。

左｜品飲特殊的Nuragus di Cagliari DOC，年分為2015。
中｜品飲2012年的Mandrolisai DOC。
右｜瑪發席亞葡萄串by Gilberto Arru薩丁尼亞品酒師。

幾乎無所不在的瑪發席亞和莫絲卡朵品種，也一定會在薩丁尼亞島落腳，前者有法定酒款Malvasia di Bosa DOC和Malvasia di Cagliari DOC。據說瑪發席亞是拜占庭時期由聖本篤修會修士從希臘莫奈姆瓦夏鎮帶到薩丁尼亞島，兩者的差異主要是此島的土壤含鉀，使瑪發席亞所釀出的酒有細緻之感，而酒的顏色從淡稻草黃到金黃色，香氣優雅，口感圓潤、溫暖、帶點鹹味。莫絲卡朵跟莫妮卡類似，有大區的Moscato di Sardegna DOC和小範圍的Moscato di Cagliari DOC，前款可釀成之型態多元，除了不甜白酒，還有風乾和晚摘甜酒之版本，當地稱晚摘為「Uve Stramature」。

令人難以忘懷的Vernaccia di Oristano DOC，是用薩丁尼亞島最古老的品種維娜奇雅，此酒釀造方式深受殖民的西班牙人影響，須經過木桶熟成，帶有杏仁、香料等香氣，此酒甚至可熟成10年以上，顏色從金黃色澤到迷人的琥珀色，帶有海味與堅果味，酒體渾厚溫暖，是款「沉思酒」。可釀成不甜和加烈酒之型態。

薩丁尼亞島是全義大利居住最多老人之處，居民平均壽命也是全國最長，這裡氣候宜人、資源豐富、生活和樂，到此地會不自覺令人慢下腳步，探索其生活中的細節。

左、中｜品飲2005年分和2003年分的Vernaccia di Oristano Riserva。

右｜品飲Vernaccia di Oristano Riserva到當地藥草酒的過程，是用當地主食之一Pane Carasau這脆如紙片的麵包來清味蕾兼墊肚子。

薩丁尼亞島產區分布圖

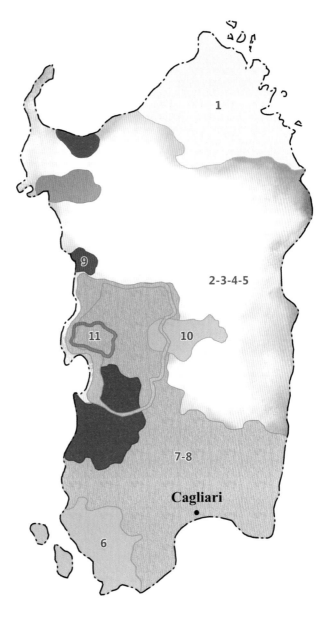

作者經歷簡介

蕭欣鈺 Serana

東海大學外文系畢業。大三期間到美國蒙大拿大學當交換學生。畢業後申請獎學金到英國威爾斯史旺西大學翻譯研究所就讀，取得碩士學位。

目前為台灣首任「義大利酒專家認證課程」（Italian Wine Specialist）講師、「英國葡萄酒與烈酒教育基金會」（WSET）台灣講師、「紳利葡萄酒」公司之活動推廣講師、花蓮東華大學推廣教育合作「葡萄酒生活品酩班」講師。

曾居住文藝復興之都「翡冷翠」，考取義大利品酒課程高級認證，也於2016年考取法國布根地大師講座高級認證和義大利國際品油專家協會品油師認證。2015年取得加州餐酒協會推廣課程認證、匈牙利酒Villány課程認證（Villány-Siklósi Borút Association）、法國隆河產區結業證書。

2014年出版第一本著作《義遊味盡》。2015年榮獲義大利共和國榮譽騎士勳章，亦為2015年度南義重要酒展「VitignoItalia」台灣代表、台北國際酒展年度嚴選酒款評審。

2017年受邀義大利酒權威機構「Vinibuoni d'Italia」年度選酒之評鑑，為紐約首度發表「Camminare la Terra」：義大利酒評之父——路易吉‧維諾內里（Luigi Veronelli）特殊老年分品酒研討會唯一亞洲代表。曾兩度受邀義大利國會眾議院代表團訪台交流、三度受邀中華民國外交部餐敘，其中一次和參議院督察長交流。

曾受歐洲經貿辦事處之邀請在台北國際書展之歐盟館分享個人著作，並於台北廣播電臺、中廣流行網、教育廣播電台、中國廣播電台等，推廣義大利葡萄酒文化與旅遊。

亦曾於資策會、銀行、扶輪社、獅子會、電子公司、建案公司、葡萄酒專賣店、桃園市稅務代理人協會等處，策畫品酒活動或擔任活動講師。於義式餐廳、咖啡館進行員工葡萄酒教育訓練。於藝廊、咖啡館、書店等空間，舉辦個人著作分享會或葡萄酒品酒活動。

曾替江書宏先生的著作《跟著義大利主廚學義大利》（2015年）和若山百合子《女生玩印度！女孩們的極樂印度旅行繪本誌》（2015年）、《甜蜜摩洛哥旅行繪本誌》（2014年）撰寫推薦序。

2011年1月和「紳利葡萄酒」公司開啟以「喝遍義大利」為主題之相關義大利品酒活動，2012年啟動「紳利葡萄酒環島品酒之旅」。這兩個大活動和參與戶外市集，都是以葡萄酒文化重新認識台灣城、鄉、鎮。此外，這些活動遍及雙溪、貢寮、北投、台北、新莊、桃園、大溪、中壢、新屋、竹北、豐原、台中、嘉義、虎尾、北港、新營、台南、高雄、台東、花蓮等，最遠到訪外島蘭嶼。

網路專欄寫作有《GQ Taiwan》風格玩家：〈義遊味盡〉和《Elle Taiwan》特約專欄：〈義國風情〉。後者特約文章為〈愛在翡冷翠〉、〈一頁羅馬情〉、〈義大利的凡爾賽〉、〈假面情人：威尼斯〉、〈宜居古城：托迪〉、〈時尚之外：米蘭的晚餐〉、〈眼中之海：利古里亞〉、〈義大利的凡爾賽〉。此外，還有《葡萄酒筆記》：〈Serana之義酒遊記〉和《Wine & Taste》：〈Serana之吃喝義大利〉。

2011年於台北舉辦小型攝影個展【閱。酒】，以葡萄酒延伸出心情圖像，用瓶中信的形式呈現文字內容。2012年於桃園舉辦【ㄓˇ】旅遊攝影展，「指」：用手指、按下瞬間的快門，「趾」：用腳趾、走出不同的道路，「紙」：用圖紙、呈現當下的感受，「旨」：用意旨、訴說影像的故事。

除了參加頑石劇團舉辦的「銀色藝空間環境劇場戲劇工作坊」（全程80個小時）獲得證書，亦考取City & Guilds國際咖啡認證，以及取得國立台灣大學進修推廣部茶葉官能專業鑑定人員培訓課程證書。

「義大利酒專家 Italian Wine Specialist」
官方認證課程介紹

Italian Wine Specialist (IWS) ®

　　全球認可的「義大利酒專家 Italian Wine Specialist」官方認證課程，將帶給參與學員全面性、系統性、正確性的義大利酒文化與知識。

【講師的話】

　　義大利這個美麗國度，其飲食文化在台灣有著不對稱的發展，多樣麵型的義大利麵與披薩已成熟地存在於台灣餐飲市場中，許多義式餐廳已主打不同產區的料理，然而，「酒不離食，食不離酒」之義式生活，搭配葡萄酒如同呼吸般自然，但義大利酒在台灣的普及度遠落後於義大利食物。

　　這幾年來，進口義大利酒的比例逐增，義大利酒的選擇性不僅於知名的托斯卡納或皮耶蒙特，但跨及其他產區時，對於一些沒有接觸過的品飲者是相對陌生，這跟教育方面的推廣有關聯性，官方「義大利酒專家認證課程」是可以在短時間之內讓想了解義大利酒多樣性的人，有著深入淺出的認識，並品飲各產區代表性酒款，其中約有一半是市場上沒有的品項。

　　義大利是目前世界釀酒國中生產量前三名的國家，台灣進口義大利酒的比例每年遞增，這樣的事實，很難不讓人以系統的方式認識這多元的釀酒國度。在其深厚的歷史背景、複雜產區、爆多品種等因素下，必須按部就班地研讀20個產區並品飲其代表性酒款。

　　而此課程內容是由義大利酒權威「義大利侍酒師協會」設計，授權「北美侍酒師協會」推廣，中文講師由台灣首位考取此認證課程、榮獲義大利共和國騎士勳章Serana講師授課，曾短居義大利的她著作《輕鬆易／義飲葡萄酒》、《義遊味盡》，致力於推廣義大利酒文化的她，將用有系統、專業與經驗分享的方式呈現，喜歡義大利文化、義大利料理、義大利酒的你，不能錯過這難得的課程。。

【課程簡介】

・課程內容：深入20個義大利酒產區——歷史傳統、產區特色、法定規定、產區特色、葡萄品種、趨勢文化
・上課書籍：《An overview of Italian wine》（「北美侍酒師協會」撰寫）
・品飲：40～50款酒
・考試：通過考試標準，將獲得認證證書
・課程時數：共4堂課，中文授課，一堂7個小時（含午餐休息時間）
・開班人數：8人開班（主辦單位保留調整課程內容、講師、酒單及開課與否權）
・洽詢專線：03-3250998

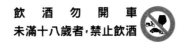

飲　酒　勿　開　車
未滿十八歲者，禁止飲酒

國家圖書館出版品預行編目資料

輕鬆易 / 義飲葡萄酒 / 蕭欣鈺著
-- 初版 -- 臺北市：瑞蘭國際, 2018.07
208面；17×23公分 --（FUN生活系列；06）
ISBN：978-986-96207-8-9（平裝）

1.葡萄酒 2.品酒 3.義大利

463.814   107008174

FUN生活系列 06

輕鬆易 / 義飲葡萄酒

作者｜蕭欣鈺（Serana）・責任編輯｜潘治婷、葉仲芸
校對｜蕭欣鈺、潘治婷、葉仲芸、王愿琦

封面設計｜余佳憓・封面插畫設計｜余佳憓、李皇家、蕭欣鈺
版型設計、內文排版｜余佳憓・封面插畫、地圖繪製｜林士偉
全書照片｜蕭欣鈺・薩丁尼亞大區照片提供｜Antonello Zappadu、Gilberto Arru

董事長｜張暖彗・社長兼總編輯｜王愿琦
編輯部
副總編輯｜葉仲芸・副主編｜潘治婷・文字編輯｜林珊玉、鄧元婷・特約文字編輯｜楊嘉怡
設計部主任｜余佳憓・美術編輯｜陳如琪
業務部
副理｜楊米琪・組長｜林湲洵・專員｜張毓庭

法律顧問｜海灣國際法律事務所　呂錦峯律師

出版社｜瑞蘭國際有限公司・地址｜台北市大安區安和路一段104號7樓之1
電話｜(02)2700-4625・傳真｜(02)2700-4622・訂購專線｜(02)2700-4625
劃撥帳號｜19914152 瑞蘭國際有限公司・瑞蘭國際網路書城｜www.genki-japan.com.tw

總經銷｜聯合發行股份有限公司・電話｜(02)2917-8022、2917-8042
傳真｜(02)2915-6275、2915-7212・印刷｜科億印刷股份有限公司
出版日期｜2018年07月初版1刷・定價｜450元・ISBN｜978-986-96207-8-9